Spielplatzsicherheit

Spielplatzsicherheit

DIN

Jörg Rampke

Spielplatzsicherheit

Inklusive typischer Verschleiß, giftige Pflanzen, Gerichtsurteile, DIN-Normen & Gesetze

4., vollständig überarbeitete und erweiterte Auflage

Herausgeber:
DIN Deutsches Institut für Normung e. V.

Beuth Verlag GmbH · Berlin · Wien · Zürich

Herausgeber: DIN Deutsches Institut für Normung e. V.

© 2021 Beuth Verlag GmbH
Berlin · Wien · Zürich
Saatwinkler Damm 42/43
13627 Berlin

Telefon: +49 30 2601-0
Telefax: +49 30 2601-1260
Internet: www.beuth.de
E-Mail: kundenservice@beuth.de

Titelbild: calimedia, Nutzung unter Lizenz von shutterstock.com

Satz: Beuth Verlag GmbH, Berlin

Druck: Drukarnia Skleniarz, Krákow

Gedruckt auf säurefreiem, alterungsbeständigem Papier nach DIN EN ISO 9706

ISBN 978-3-410-30428-9
ISBN (E-Book) 978-3-410-30429-6

Inhaltsverzeichnis

Vorwort

Der Kinderspielplatz. Eine Welt für Kinder. Buddeln, Bolzen, Rennen, Klettern, Experimentieren. Wir Eltern, wir Erwachsene sind gefordert, diese Welt unseren Kindern möglichst sicher und schadenfrei zu erhalten, ohne jedoch Wattepolster auf der Spielplatzanlage zu verteilen. Sicher planen, sicher gestalten, schließlich auch regelmäßig zu kontrollieren. Wie sicher ist sicher? Diese Frage beantwortet sich, wenn wir einmal die Norm außer Acht lassen, aus Sicht verschiedener Expert:innen ist es genauso verschieden wie die Wettervorhersage von Montag bis Freitag. In über 30 Jahren Berufserfahrung gab es zur Genüge Kinderspielplätze, die ich gesehen habe, die wahrhaft vernachlässigt und tatsächlich nicht sicher waren. Ich selbst erinnere mich auch sehr gut an ein schmerzhaftes Spielplatzerlebnis, als ich in meiner Kindheit von einem Klettergerüst in voller Abenteurermanier in den Sand gesprungen bin. Peng, mein Knie war aufgeplatzt, ein Pflasterstein lag inmitten meines Sprungziels unter dem Sand. Ich bin mir sicher, dass mein Sprung einer der besten war, den ich je von einem Klettergerüst gewagt hatte, nur der Pflasterstein unter dem Sand stand nicht auf meiner Abenteuerliste. Stand damals auf der Wartungsliste der Verantwortlichen „Sand ausharken“? War der Stein nach dem Ausharken in den Sand geraten? Wäre der Stein nicht gewesen, hätte ich mir vielleicht das Bein gebrochen? Kalkulierbar?

Kinder sollen lernen, Risiken einzuschätzen, erfahren und handeln. Dennoch wird es immer Unfälle auf Kinderspielplätzen geben, da es auf diesen Freizeitarealen keine hundertprozentige Lösung zur Vermeidung von Unfällen gibt. Spielplatzunfälle können zumindest reduziert werden, indem die für Kinder nicht kalkulierbaren und versteckten Gefahren möglichst vermieden werden, mit einer regelmäßigen fachgerechten Inspektion und Wartung.

Ich möchte Ihnen einen Einblick in die vielseitigen Aufgaben der Spielplatzwartung vermitteln. Hierfür habe ich Ihnen auf den nachfolgenden Seiten verschiedene Fotos und Informationen zur Verfügung gestellt, die Ihnen zur Orientierung bei der Spielplatzwartung dienen sollen. Spielplatzwartung ist das Fundament für eine sichere Spielplatzanlage.

Jörg Rampke

1 Rechtliche Aspekte

1.1 Wer ist verantwortlich für den Spielplatz?

Derjenige, der einen Spielplatz eröffnet und/oder unterhält, ist verpflichtet, alle notwendigen und zumutbaren Vorkehrungen zu treffen, um eine Schädigung anderer möglichst zu verhindern. Es spielt keine Rolle, ob der Spielplatz nur mit einem kleinen Wipper oder kleinen Sandkasten bestückt ist. Betreiber:innen sind für die Instandhaltung ihrer Spielplatzanlage verantwortlich und haben sich ausreichend darüber zu informieren, dass eingesetztes Personal über die entsprechende Sachkunde zur Instandhaltung von Spielplatzanlagen verfügt. Durch Arbeitnehmer:innen, die schuldhaft einen Wartungsfehler begehen, durch den sich ein Kind verletzt, ist der Arbeitgebende geschädigt, weil das Kind Schadensersatz verlangt. Der Arbeitgebende hat wiederum als Letztgeschädigter zwei sogenannte Anspruchsgrundlagen gegen den Arbeitnehmenden, nämlich Gesetzesverletzung § 823 BGB Schadensersatzpflicht, mit § 229 StGB Fahrlässige Körperverletzung sowie ggf. Verletzung des Arbeitsvertrages. Der Arbeitnehmende haftet also nicht nur gegenüber dem Arbeitgebenden, sondern auch nach § 823 BGB mit StGB § 229 direkt gegenüber dem Kind (Eltern).

1.2 Grundsätze

Weist ein Spielplatzgerät eine Störung auf, die für den Nutzenden ein Unfallrisiko darstellt und nicht sofort vor Ort beseitigt werden kann, ist das Spielplatzgerät ausreichend gegen Benutzung abzusperren. Eine Absperrung sollte vorzugsweise mit einem min. 2,0 m hohen Bauzaun (ohne „Spitzen“) erfolgen. Handlungsbedarf für eine Instandsetzung ist zeitnah einzuleiten. Demontieren einzelner defekter Geräteteile, die nicht sofort ersetzt werden können, ist nicht zu empfehlen, da diese Vorgehensweise ggf. zu einer weiteren Unfallgefahr führt. Durch die Demontage einzelner Anbauelemente können möglicherweise auch einzuhaltende Mindestmaße am Spielplatzgerät verändert werden. Provisorische Lösungen sind grundsätzlich nicht akzeptabel und geraten zudem schnell in Vergessenheit. Somit entstehen weitere, womöglich sehr gefährliche Unfallgefahren.

1.3 Unterschied privater und öffentlicher Kinderspielplatz

Der Unterschied zwischen Spielplatzgeräten für den öffentlichen und den privaten Bereich misst sich vordergründig an der Konstruktion sowie dem hierzu verwendeten Material, hinsichtlich der Nutzung und dem sich daraus entstehenden Verschleiß. Spielplatzgeräte für den öffentlichen Bereich, dazu zählen auch Spielplatzgeräte in Kindereinrichtungen, müssen der DIN EN 1176 entsprechen. Spielplatzgeräte für den ausschließlich privaten Bereich, wie sie beispielsweise u.a. in Baumärkten angeboten werden, entsprechen der abgeschwächten Norm DIN EN 71-8 (Schaukeln, Rutschen und ähnliches Aktivitätsspielzeug für den häuslichen Gebrauch). Zubehörteile der DIN EN 71-8 sind nicht mit Spielplatzgeräten der DIN EN 1176 (öffentlicher Bereich) zu kombinieren.

Welche Kinderspielplätze gelten als öffentlich?

Zu Standorten „öffentlicher" Kinderspielplätze, unabhängig der Größe und Vielzahl der Spielplatzgeräte, gehören unter anderem: Wohn- und Parkanlagen, Wohn-Eigentümer-Gemeinschaften (WEG), Freizeit-, Urlaubs- und Ferienanlagen – dazu zählen Ferienhäuser, Appartements, Hotels, Camping und Herberge-Einrichtungen –, jegliche Vereinsanlagen, Raststätten, Tankstellen, Restaurants, Schwimmbäder, Garten-Ausstellungen, Freizeit- und Spielanlagen, Kinder- und Jugendeinrichtungen, Veranstaltungsorte, auch zeitlich begrenzte. Dies gilt auch für Sport- und Spielplatzgeräte, die Sie vielleicht irgendwo am Rande eines Fitness- oder Wanderwegs finden, denn auch diese haben einen „Betreiber", der für die Sicherheit verantwortlich ist.

Bild 1.1: Auch Spielplatzgeräte eines Campingplatzes unterliegen der DIN EN 1176.

1.4 Haftung

Unter Haftung wird das Einstehen für das eigene Verhalten oder das Verhalten anderer verstanden. Eine Haftung ist durch aktives Handeln oder auch durch Unterlassen möglich.

§ 823 Schadensersatzpflicht

1. Wer vorsätzlich oder fahrlässig das Leben, den Körper, die Gesundheit, die Freiheit, das Eigentum oder ein sonstiges Recht eines anderen widerrechtlich verletzt, ist dem anderen zum Ersatz des daraus entstehenden Schadens verpflichtet.
2. Die gleiche Verpflichtung trifft denjenigen, welcher gegen ein den Schutz eines anderen bezweckenden Gesetzes verstößt. Ist nach dem Inhalt des Gesetzes ein Verstoß gegen dieses auch ohne Verschulden möglich, so tritt die Ersatzpflicht nur im Falle des Verschuldens ein.

Aus diesen Paragrafen wird die Verkehrssicherungspflicht abgeleitet. Sie ist eine Pflicht, vorsorglich tätig zu werden, soweit man für andere ein Risiko oder eine Gefahrenlage schafft. Wer also eine Gefahrenlage eröffnet, hat gegenüber den Nutzern die „Garantenstellung" und Verpflichtung zur Gefahrenverhütung. Ein Unterlassen dieser Pflicht kann zu Schadensersatzansprüchen führen.

§ 229 StGB

Wer durch Fahrlässigkeit die Körperverletzung einer anderen Person verursacht, wird mit Freiheitsstrafe bis zu drei Jahren oder mit Geldstrafe bestraft.

§ 230 Strafantrag

1. Die vorsätzliche Körperverletzung nach § 223 und die fahrlässige Körperverletzung nach § 229 werden nur auf Antrag verfolgt, es sei denn, dass die Strafverfolgungsbehörde wegen des besonderen öffentlichen Interesses an der Strafverfolgung ein Einschreiten von Amts wegen für geboten hält. Stirbt die verletzte Person, so geht bei vorsätzlicher Körperverletzung das Antragsrecht nach § 77 Abs. 2 auf die Angehörigen über.
2. Ist die Tat gegen einen Amtsträger, einen für den öffentlichen Dienst besonders Verpflichteten oder einen Soldaten der Bundeswehr während der Ausübung seines Dienstes oder in Beziehung auf seinen Dienst begangen, so wird sie auch auf Antrag des Dienstvorgesetzten verfolgt. Dasselbe gilt für Träger von Ämtern der Kirchen und anderen Religionsgesellschaften des öffentlichen Rechts.

§ 77 Antragsberechtigte

1. Ist die Tat nur auf Antrag verfolgbar, so kann, soweit das Gesetz nichts anderes bestimmt, der Verletzte den Antrag stellen.
2. Stirbt der Verletzte, so geht sein Antragsrecht in den Fällen, die das Gesetz bestimmt, auf den Ehegatten, den Lebenspartner und die Kinder über. Hat der Verletzte weder einen Ehegatten oder einen Lebenspartner noch Kinder hinterlassen oder sind sie vor Ablauf der Antragsfrist gestorben, so geht das Antragsrecht auf die Eltern und, wenn auch sie vor Ablauf der Antragsfrist gestorben sind, auf die Geschwister und die Enkel über. Ist ein Angehöriger an der Tat beteiligt oder ist seine Verwandtschaft erloschen, so scheidet er bei dem Übergang des Antragsrechts aus. Das Antragsrecht geht nicht über, wenn die Verfolgung dem erklärten Willen des Verletzten widerspricht.
3. Ist der Antragsberechtigte geschäftsunfähig oder beschränkt geschäftsfähig, so können der gesetzliche Vertreter in den persönlichen Angelegenheiten und derjenige, dem die Sorge für die Person des Antragsberechtigten zusteht, den Antrag stellen.
4. Sind mehrere antragsberechtigt, so kann jeder den Antrag selbstständig stellen.

1.5 Urteile

Maßgeblich für die Erfüllung der Verkehrssicherungspflichten auf einem Spielplatz sind DIN-Normen. Normen sind keine rechtliche Verbindlichkeit, aber sie definieren den Mindestsicherheitsstandard und sind nach der Verkehrsauffassung zur Bestimmung erforderlicher Sicherheit in besonderer Weise geeignet (BGH, BADK – Information 3/1998, S. 65). Aus GUV-SI 8074, „Bewegung und Kinderunfälle" (S. 14 ff.): Am meisten betroffen ist die Altersgruppe bis 7 Jahre. Die häufigste Unfallform bei Spielplatzunfällen ist der „Sturz hinab", gefolgt vom „Sturz auf gleicher Ebene", der „Kollision" und dem „missglückten Sprung". Bei den Spielplatzgeräten entfallen die meisten Unfälle auf Schaukeln mit 30 %, Rutschen mit 20 % und Klettergeräte mit 13 %. Auffällig ist hierbei, dass Unfälle aufgrund fehlender bzw. nicht ausreichender Aufprallflächen bzw. ungenügenden Fallschutzes, sowie am häufigsten aufgrund der unzureichenden Wartung der Gerätschaften verursacht werden. Mit der Entscheidung des Bundesgerichtshofs ist ein Spielplatz möglichst gefahrlos zu gestalten. Die Sicherheit soll sich an den jüngsten Kindern orientieren, sodass die Eltern davon ausgehen dürfen, dass Spielplatzgeräte von Kindern auch gefahrlos benutzt werden können. **Für Kinderspielplätze gilt erhöhte Sorgfaltspflicht.**

1.5.1 Urteile mit Haftung für Betreiber:innen (Auswahl)

1. Wer seinen Gartenzaun mit spitzen Enden versieht, obwohl in der näheren Umgebung regelmäßig Kinder spielen, muss bei Unfällen haften. Das hat das Landgericht Tübingen entschieden (Az.: 7 O 143/01).
2. Das Oberlandesgericht Schleswig hat entschieden, dass eine Gemeinde als Betreiberin eines Spiel- und Bolzplatzes verpflichtet ist, auf dem Spielplatz vorhandene Fußballtore ausreichend gegen Umkippen zu sichern. Tut sie dies nicht, so muss sie für eventuelle Unfälle haften (Az.: 11 U 71/10).
3. BGH-Urteil, BGH Vers. R. 1977, 817. Ein Dreijähriger schlüpfte unter einem Plankenzaun durch, der 50 cm von der Straße entfernt ist. Er wurde von einem Auto erfasst. Haftung für den Verantwortlichen! Der Zaun galt als nicht ausreichend. Er hätte um einige Meter zurückversetzt sein müssen, sodass Kindern bewusst wird, dass sie den Spielplatz zu verlassen.
4. AG Büdingen, Urteil vom 21.01.2004, 2 C 779/02: „Die Inhaberin eines Spielplatzes muss bei Bäumen, die auf dem Gelände wachsen, dafür Sorge tragen, dass bis zu einer gewissen Höhe größere Äste tragfähig sind, soweit von dem Baum erwartet werden muss, dass er zum Klettern benutzt wird.
5. Drehpilzfall (BGH, VersR 1987, 891). 12-jährige erleidet Verletzungen durch Umstürzen eines abgebrochenen „Stahlrohrmastes“ eines Rundlaufdrehpilzes. Ergebnis: Haftung! Der Mast hätte durch Aufgraben kontrolliert werden müssen.

1.5.2 Urteile ohne Haftung für Betreiber:innen (Auswahl)

6. BGH, VersR 78, 739. Ein 14-Jähriger hechtet von einer über ein 50 cm tiefes Flüsschen führenden 50 cm hohen Hängebrücke in das Wasser und zieht sich eine Querschnittslähmung zu. Ergebnis: Keine Haftung! Offensichtliche Gefahr des „In das Wasser fallen“ liegt noch im Rahmen des zulässigen Risikos eines Abenteuerspielplatzes. Mit einem Hechtsprung des fast 15-jährigen Jungen musste nicht gerechnet werden.
7. Aufgegebener Spielplatz, BGH-VersR 1978,762. Ein 15-jähriger Junge schwang sich vom Hüttendach eines aufgegebenen Spielplatzes mittels eines Seiles auf das Gelände ab, und prallte gegen eine Eisenstange eines Turngerätes. Prozessergebnis: Keine Haftung! Zwar muss die Gemeinde dafür sorgen, dass von Geräten und Hütte keine Gefahren ausgehen, mit solch waghalsigen „Tarzanspielen“ durch selbst angebrachte Seile musste aber nicht gerechnet werden.

2 Instandhaltung und Inspektion

2.1 Instandhaltung

Als Oberbegriff für die Wartung, Inspektion und Instandsetzung steht der Begriff „Instandhaltung“. Die Spielplatzinstandhaltung dient dem funktionsfähigen Zustand der Spielplatzanlage, dazu gehören Freiflächen, Spielplatzgeräte, Mobiliar, Skulpturen, Schilder, Pflanzen, Einfriedungen und Zäune. In der Praxis kann sich eine Abgrenzung der Begriffe Wartung, Inspektion und Instandsetzung als schwierig darstellen, da einzelne Arbeitsabläufe von Wartung, Inspektion und Instandsetzung mitunter als „ein und dasselbe“ verstanden werden, was ganz und gar nicht der Fall ist.

Instandhaltung bedeutet die Wiederherstellung des eigentlichen funktionsfähigen Zustandes, sodass die gewollte und geforderte Funktion voll und ganz ohne Risiko erfüllt werden kann.

2.1.1 Instandsetzung

Spielplatz-Instandsetzung ist die Maßnahme zur Wiederherstellung in einen funktionsfähigen Zustand von Anlage und Spielplatzgeräten, auch Einfriedungen bzw. Zäune, sofern hier eine Störung vorliegt. Als Dienstleister:in für Spielplatzwartung empfiehlt es sich, mit Auftraggeber:innen im Rahmen einer Vertragsvereinbarung auch die kleine Instandsetzung mit zu vereinbaren, sodass bei Notwendigkeit mindestens kleinere Schäden sofort vor Ort instand gesetzt werden können.

2.1.2 Vernachlässigung der Instandhaltung

Die Vernachlässigung von Instandhaltungsaufgaben kann zum Funktionsverlust der Spielplatzgeräte führen, wie auch zu Beeinträchtigungen an Mobiliar und Einfriedungen. Mit einer fachlich richtigen Inspektion, Wartung und Instandsetzung vermindern Sie das Risiko gefährlicher Unfälle. Verschaffen Sie sich immer einen ersten Eindruck von der Anlage insgesamt. Arbeiten Sie unbedingt systematisch. Arbeiten Sie sich von Spielangebot zu Spielangebot über die Spielplatzanlage. Arbeiten Sie konzentriert und aufmerksam. Erstellen Sie immer ein Wartungsprotokoll. Eine ständige und dauerhafte Nutzung eines Spielplatzgerätes kann unter Umständen eine tägliche Kontrolle und einen häufigeren Austausch von Verschleißteilen verlangen, als es vielleicht der Hersteller vorgesehen hat, beispielsweise an täglich viel benutzten Schaukelanlagen oder Spielplatz-Seilbahnen.

2.1.3 Wartung

Spielplatzwartung ist die spielplatzspezifische Maßnahme zur Vermeidung von Störungen innerhalb der Spielplatzanlage einschließlich Spielplatzgeräten, Skulpturen, Mobiliar, Böden, Schildern, Wegen, Zugängen, Einfriedungen. Spielplatzgeräte kontrollieren Sie gemäß den Herstellerangaben, in Abstimmung mit der DIN EN 1176-7. Haben Sie den Eindruck, dass ein bestimmtes Spielgerät öfter gewartet werden muss als vom Herstellenden vorgesehen? Sprechen Sie Ihren zuständigen DIN 79161 zertifizierten Spielplatzprüfenden an.

Eingeschätzte Gefahren sind von Wartungsbeauftragten zu notieren, insbesondere auch ihren Vorgesetzten zu melden. Kaputtsparen verhindert keine Unfälle. Zuständige und auszuführende Personen der Spielplatzwartung sind **„immer" mitverantwortlich.** Als Dienstleister:in für Spielplatzwartung empfiehlt es sich, mit Auftraggeber:innen im Rahmen des Wartungsauftrages die präventive Wartung und sogenannte kleine Instandsetzung mit zu vereinbaren, sodass bei Notwendigkeit mindestens gerätetypische Verschleißteile sofort vor Ort instand gesetzt werden können. Also: präventive Wartung und angemessener Verschleißteilersatz, bevor eine Unfallgefahr entsteht.

Verwenden Sie für Spielplatzgeräte ausschließlich selbstsichernde Stoppmuttern. Diese Kleineisen sind an den meist blauen, grünen oder weißen Sicherungsringen innerhalb der Schraubenmutter zu erkennen. Ferner empfiehlt es sich, auf das Gegenstück, also auf das Gewinde, ein bis zwei Tropfen flüssiges kälte- und hitzebeständiges Schraubensicherungsgel zu geben. In jedem Fall ist Sicherungsgel auch dort zu verwenden, wo Kleineisen keine eingelassene Schraubensicherung aufweisen. Hierzu gehören im Spielplatzgerätebereich u. a. Schäkel, Ringösen, Adapter, Gewinde und Gewindehülsen. Unterlegscheiben dienen zur Kraftübertragung von Schrauben oder Muttern auf das Material. Verwenden Sie passende Unterlegscheiben möglichst bei jeder Befestigung von Schlüssel-, Schloss- oder Holzschrauben. Die Unterlegscheibe wird direkt unter den Schraubkopf gelegt. Achten Sie darauf, dass die Schraube gut in der Unterlegscheibe sitzt und keine scharfen Kanten entstehen. Sobald Sie vergessen, eine Unterlegscheibe zur Schraubenbefestigung in Holz zu verwenden, kann das zur Folge haben, dass Sie den Schraubkopf der Schraube im Holz verlieren, indem Sie die Schraube so tief in das Holz einschrauben, sodass Sie große Schwierigkeiten haben werden, die Schraube nachzubefestigen oder zu demontieren.

Bild 2.1: Verwenden Sie möglichst Kleineisen aus rostfreiem Stahl.

Überstehende Gewindebolzen können böse Fleischwunden verursachen. Verwenden Sie kälte- und hitzebeständiges Sicherungsgel zur Kleineisenmontage, insbesondere bei der Montage von Handgriffen. Die Montage von Gewindestangen hat den Vorteil, dass sie auf jede übliche Größe geschnitten werden können und aufgrund des fehlenden Schafts auf Dauer ein Nachbefestigen möglich ist. Bei dieser Methode ist unbedingt darauf zu achten, dass Sie entsprechende Unterlegscheiben montieren. Zu empfehlen sind Gewindestangen aus rostfreiem Stahl.

Bild 2.2: Überstehende Gewindebolzen können böse Fleischwunden verursachen.

Zur Abdeckung der Stoppmutter sind entsprechende Schutzkappen zu verwenden. Für Fräsungen im Holz, die sich sehr oft an Holzspielgeräten finden lassen, verwenden Sie passend für die Fräsung eng anliegende Schutzkappen, um Staunässe möglichst zu vermeiden. Dennoch ist in Abständen diese Schutzkappe zu demontieren, um die darunterliegende Schraube bzw. Bolzen zur Kontrolle auszuschrauben. Eine korrekte Montage von Schraubbolzen ist stets wichtig.

Bild 2.3: Sehr übliche Kunststoff-Schutzkappen sollten im Wartungskoffer griffbereit sein.

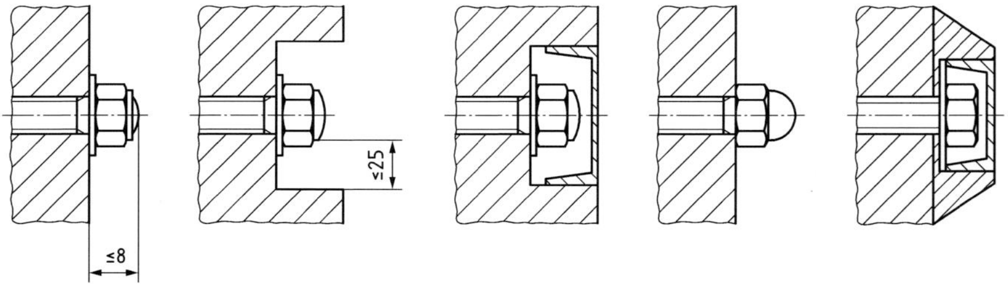

Bild 2.4: Die fünf Möglichkeiten, wie eine Stoppmutter in den Werkstoff verbaut werden darf. Überstehendes Gewinde darf nicht scharfkantig sein (siehe Bild 2.2).

2.1.4 Fundamente

Sofern Sie Schäden an Fundamenten feststellen, insbesondere Rissbildungen, sind diese grundsätzlich fachgerecht zu erneuern. Bei Einbau bzw. Herstellung von Fundamenten ist darauf zu achten, dass sich die oberste Ebene abgerundeter Fundamente min. 20 cm unter der Spielebene befindet: Bei losen Materialien der Spielebene, beispielsweise Sand oder Kies, sind mindestens 30 cm einzuhalten, wobei hier bereits der sogenannte Wegspieleffekt mit 10 cm inbegriffen ist. Bei kantigen bzw. eckigen Fundamenten unter losem Boden gilt eine Mindestschichtdicke von 40 cm zuzüglich 10 cm Wegspieleffekt. Bei allen Fundamentbauweisen gilt, dass aus dem Fundament keine Teile wie Bewehrungsstähle oder Schrauben herausstehen dürfen. Ein Fundament nur wenige Zentimeter unter der Spielebene ist nur dann zulässig, wenn das Fundament „vollständig" durch Geräteteile nach allen Seiten abgedeckt ist, sodass ein Aufprall auf diesen Bereich nicht möglich ist. Beispielsweise ist ein Aufprall auf ein Fundament eines Karussells nicht möglich, da das Fundament komplett durch die Bodenplatte des Karussells abgedeckt ist. Die regelmäßige Kontrolle, insbesondere loser Spielebenen, unter denen sich Fundamente befinden, ist unbedingt einzuhalten, sowie ggf. loser Boden aufzufüllen.

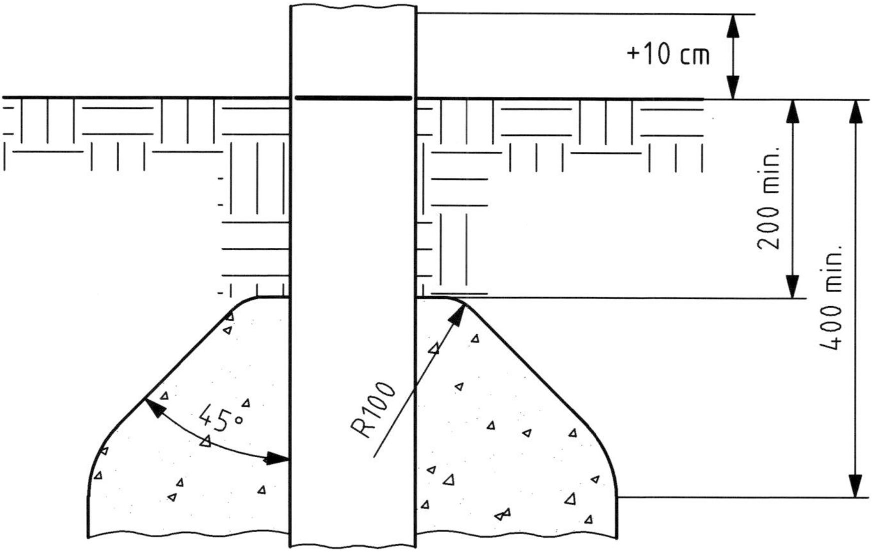

Bild 2.5: Abgerundete Fundamente: Der Abstand zur Boden-Oberkante darf nur dann geringer sein, wenn ein Anbauteil oder Spielplatzgerät das Fundament komplett abdeckt, beispielsweise ein Karussell mit Boden (siehe Bild 2.6).

Bild 2.6: Nicht akzeptable Fundamentarbeiten

2.1.5 Metall- und Kunststoff-Reinigung

Für die Reinigung von Metall und Kunststoffen sollte vorzugsweise jeweils ein sehr milder biologisch abbaubarer Reiniger verwendet werden. Nach Reinigung sind die Materialflächen zusätzlich ausreichend mit Wasser abzuspülen. Für die Reinigung bietet sich auf dem Markt eine breite Produktpalette an.

2.1.6 Mögliche Wintermaßnahmen

Bild 2.7: Vereiste Aufstiegsrampen zu erklettern könnte eine harte Landung bedeuten.

Viel Eis und Schnee lässt den Spielplatz in den Winterschlaf fallen. Verschneite und mit Frost bedeckte Podest-Böden von Spielplatzgeräten können im Winter zu ungewollten gefährlichen Rutschpartien führen. Um die Spielgeräte herum ist es möglicherweise nicht nur verschneit oder glatt, sondern auch recht hart. An sehr kalten Wintertagen sind die fallschutzspezifischen Eigenschaften der Fallschutzböden nicht mehr gegeben. Loser und synthetischer Fallschutz gefriert zu einem harten Boden. Daher sollten an kalten eisigen Wintertagen insbesondere dynamische Anbauteile demontiert werden, wie beispielsweise Schaukelsitze mit ihren Aufhängungen.

Bild 2.8: Einpunktschaukel im Winterschlaf (siehe auch Bild 3.14: Schaukel Typ 3. Es bedarf eines großzügigen Sicherheitsraums um die Schaukel herum). Fallschutz ist durch gefrorenen Boden hier nicht mehr gegeben.

2.2 Inspektion

2.2.1 Jahreshauptinspektion

Die einmal jährliche Spielplatz-Jahreshauptinspektion umfasst Maßnahmen zur Beurteilung des Istzustandes und ist eine prüfende Tätigkeit. Die jährliche Hauptinspektion dient zur Feststellung des allgemeinen und ordnungsmäßigen betriebssicheren Zustandes von Freiflächen, Spielplatzgeräten, Skulpturen, Mobiliar, Fundamenten und Einfriedungen. Sie dient zur Feststellung jeglicher Veränderungen auf der Spielplatzanlage, die durch Reparatur, Witterung und Vandalismus entstehen können. Die Spielplatz-Hauptinspektion ist vergleichbar mit der alle zwei Jahre wiederkehrenden Kfz-Hauptuntersuchung. Die einmal jährliche Spielplatz-Jahreshauptinspektion ist von geprüften Sachverständigen und zertifizierten Prüfern nach DIN 79161 durchzuführen. Grundsätzlich empfiehlt sich eine Hauptinspektion von Prüfern durchführen zu lassen, die in keiner Verbindung mit dem Spielplatz-Betreiber bzw. -Verwalter stehen.

DIN 79161 zertifizierte Spielplatzprüfer

Der jährliche Kostenaufwand für den Einsatz von nach DIN 79161 qualifizierten Spielplatzprüfer:innen sollte es Spielplatzbetreibenden wert sein, ihren Spielplatz fachgerecht inspizieren zu lassen. Ein seriöser Spielplatzprüfender verfügt neben der notwendigen praktischen Berufserfahrung über ausreichend Wissen zum Thema Spielplatzsicherheit und steht Ihnen gerne mit seinem Fachwissen sowie zur Beratung einer Maßnahme-Regelung zur Seite. Spielplatzprüfer:innen unterliegen der alle 3 Jahre wiederkehrenden Rezertifizierung, d.h. im Klartext: Sie müssen alle drei Jahre aufs Neue die Schulung absolvieren.

Selbst prüfen? Nein.

Durch „hauseigene" Spielplatzprüfer:innen kommt es mitunter zu Defiziten. Hauseigene Spielplatzprüfer:innen gehen ihrer routinemäßigen Arbeitsweise nach: stets gleiche Standorte und gleiche Spielplatzgeräte. Eine Fremdkritik und Veränderungsmöglichkeit ist daher kaum gegeben. Es finden zudem keine Erfahrungserweiterung und keine erweiternde Herausforderung statt. Eine Störung wird aus diesem Grund möglicherweise übersehen.

2.2.2 Turnus Spielplatzwartung und -Inspektion

Tabelle 2.1: Gültig für öffentliche- und Spielplatzanlagen in Kinder- u. Jugendeinrichtungen

WANN	WER	WAS
Erstabnahme	Geprüfte Sachverständige, DIN 79161 zertifizierte Prüfer:innen	– Abnahme-Protokoll – gutachtliche Stellungnahme – Fotodokumentiert
Wöchentlich: Visuell	Mindestens durch eingewiesenes Personal	– Mindestens visuelle Kontrolle – Checkliste führen – Bei Schadensfeststellung Handlung einleiten
Quartal*: Inspektion & Wartungsarbeiten	Fachfirma, Facharbeiter:innen, handwerklich qualifiziertes Personal	– Verschleißteilersatz – Instandsetzung – Wartungsbericht erstellen – Fotodokumentiert
Einmal jährlich: Jahreshauptinspektion	Geprüfte Sachverständige, DIN 79161 zertifizierte Prüfer:innen	– Bericht Jahreshauptinspektion – Fotodokumentiert

* Für sehr häufig genutzte, insbesondere dynamische Spielplatzgeräte, kann es sein, dass diese öfter kontrolliert werden müssen, als es vielleicht der Herstellende vorgesehen hat.

2.2.3 Wartungsprotokoll (Gilt nicht für die Spielplatz-Jahreshauptinspektion)

Ein Wartungsprotokoll ist eine mögliche Variante eines Protokolls neben der Inspektions- und Wartungsanleitung des jeweiligen Spielplatzgeräteherstellers, für die regelmäßige wöchentliche Durchsicht und quartalsweisen Wartung. Möglich sind weitere Intervalle, sofern die Spielplatzanlage oder das Spielplatzgerät öfter genutzt wird als es der Herstellende vorgesehen hat, oder es vom Betreibenden geplant ist.

Tabelle 2.2: Eine mögliche Variante eines Wartungsprotokolls

Name des Sachkundigen ________________ Name Firma/Einrichtung ________________		Wöchentliche Kontrolle	❍ Ja ❍ Nein	Foto dokumentiert	❍ Ja ❍ Nein
		Quartalswartung	❍ Ja ❍ Nein		❍ Ja ❍ Nein
Spielplatzgerät DIN EN 1176	Visuell OK	Störung			
		Kleineisen, Gelenke, Federn, Spannvorrichtungen, sonstige		Mobiliar und Einfriedung	
Typ	❍ Ja ❍ Nein	❍ Ja ❍ Nein		❍ Ja ❍ Nein	
Typ	❍ Ja ❍ Nein	❍ Ja ❍ Nein		❍ Ja ❍ Nein	
Typ	❍ Ja ❍ Nein	❍ Ja ❍ Nein		❍ Ja ❍ Nein	
Fallschutzboden					
Art	aufgelockert	instandgesetzt aufgefüllt	gereinigt	erneuert	Menge
Synthetischer Boden	–	❍ Ja ❍ Nein	❍ Ja ❍ Nein	❍ Ja ❍ Nein	
loser Boden	❍ Ja ❍ Nein	❍ Ja ❍ Nein	❍ Ja ❍ Nein	❍ Ja ❍ Nein	
Erforderliche Maßnahmen: ________________ ________________ Ort, Datum, Unterschrift Monteur: ________________					

3 Spielplatzgeräte

3.1 Allgemeines

Normen sind nicht das Gesetz bzw. Normen sind keine Gesetze. Normen sind die Regeln der Technik, die zum Zeitpunkt der Veröffentlichung der Normen Gültigkeit hatten.

3.1.1 Risikoakzeptanz

In der DIN EN 1176 heißt es u. a.:

Mit den Anforderungen dieser Norm ist nicht beabsichtigt, den Beitrag, den Spielplatzgeräte zur Entwicklung eines Kindes und/oder dem Spiel leisten, was vom erzieherischen Gesichtspunkt aus bedeutend ist, zu beeinträchtigen.

Diese Norm erkennt die Schwierigkeiten an, Sicherheitsthemen allein durch Alterskriterien zu behandeln, da die Fähigkeit, mit Risiken umzugehen, vom individuellen Grad der Fähigkeiten des Nutzers abhängt und nicht vom Alter. Mit hoher Wahrscheinlichkeit werden auch andere als die vorgesehenen Altersgruppen die Spielplatzgeräte benutzen.

Die Risikoakzeptanz ist ein wesentlicher Gesichtspunkt von Spielangeboten und von allen Umgebungen, in denen Kinder erlaubterweise ihre Zeit mit Spielen verbringen. Das Spielangebot sollte darauf abzielen, die Balance zu halten zwischen der Notwendigkeit, Risiko anzubieten und der Notwendigkeit, das Kind vor schwerwiegenden Verletzungen zu schützen.

Die Grundsätze des Sicherheitsmanagements sind sowohl für Arbeitsplätze im Allgemeinen als auch für Spielangebote anwendbar. Die Balance zwischen Sicherheit und Nutzen ist jedoch in beiden Umfeldern unterschiedlich. Beim Spielangebot könnte es nützlich sein, einem gewissen Grad an Gefahr ausgesetzt zu werden, da es ein grundsätzliches menschliches Bedürfnis befriedigt und den Kindern die Gelegenheit gibt, in einer kontrollierten Umgebung etwas über Gefahren und deren Folgen zu lernen.

Unter Berücksichtigung der Eigenarten des kindlichen Spiels und der Art, wie Kinder vom Spielen auf dem Spielplatz hinsichtlich ihrer Entwicklung profitieren, müssen Kinder lernen, Risiken zu bewältigen, und das kann auch zu Prellungen, Quetschungen und gelegentlich sogar zu gebrochenen Gliedmaßen führen. Das Ziel dieser Norm besteht darin, in erster Linie

Unfälle zu verhindern, die zu Behinderung oder Tod führen; und in zweiter Linie geht es darum, schwerwiegende Folgen zu mildern, die durch gelegentliche Unglücksfälle verursacht werden, die unausweichlich geschehen werden, wenn Kinder darauf aus sind, das Niveau ihrer Kompetenz zu erweitern, sei es sozial, geistig oder körperlich ...

3.1.2 DIN 7926

Bis 1985 gab es keine eindeutige DIN-Norm, die Sicherheitsstandards für Spielplatzgeräte regelte. 1985 erschien in Deutschland die DIN 7926. Somit waren Spielplatzgeräte-Hersteller:innen einheitlich auf neue sicherheitsrelevante Richtlinien eingestellt. Die Spielplätze wurden seither interessanter und im Laufe der Zeit wurden mehr und mehr an Gestaltungskonzepten dazu gewonnen, das Spielangebot wurde abwechslungsreicher. Selten, aber noch heute finden sich Spielplatzgeräte aus den 1980er- und 1990er-Jahren. Spielplatzgeräte der 1980er- und 1990er-Jahre zählen zu den Oldies, und können getrost in den Ruhestand befördert werden. Materialbedingtes komplettes Umrüsten lohnt nicht. Der Entwicklungsstand bietet heutzutage sehr gute normgerechte Spielplatzgeräte, zu fairen Preisen.

Der Bestandsschutz entfällt für Spielplatzgeräte, die vor der DIN 7926 gebaut wurden, bzw. nicht mindestens dieser DIN entsprechen (BGH, Urteil v. 01.03.1988-VI ZR 190/87-NJW 1988, S. 2.667 ff.). Spielplatzgeräte der DIN 7926, die zum Zeitpunkt der Gültigkeit dieser DIN sicher waren, gelten auch heute als sicher, sofern sie nicht grob den aktuellen DIN-Normen abweichen. Im Produkthaftungsgesetz vom 15.12.1989 heißt es u. a. „Ein Produkt hat nicht deshalb einen Fehler, weil später ein verbessertes Produkt in Verkehr gebracht wurde."

3.1.3 DIN EN 1176

Mit der DIN EN 1176, gültig ab November 1998, wurde der Sicherheitsstandard für Spielplatzanlagen und Spielplatzgeräte stark verbessert. Architekt:innen, Planer:innen und Designer:innen sind stets bemüht, für unsere Kinder sichere und schöne Spielplatzgeräte zu erfinden und zu gestalten. Die Instandhaltung nach finaler Montage dieser Spielplatzgeräte ist eines der entscheidenden Kriterien zur Vermeidung von Unfällen, da Spielplatzgeräte nach der Herstellung und der sicherheitstechnischen Überprüfung nach Montage und Einbau durch ausgelassene Instandhaltungsmaßnahmen nicht nur ihren Glanz verlieren, sondern sich aufgrund ausgelassener Inspektion und Wartung gefährliche Unfallgefahren ergeben können. Die Ursachen hierfür sind Materialverschleiß, Witterung und Vandalismus.

DIN EN 1176 Spielplatzgeräte, öffentlicher Bereich

Welche DIN zu welchem Spielplatzgerät gehört, beschreibt nachfolgend die Auswahl der häufigsten anzuwendenden DIN-Normen für die Inspektion und Wartung von Spielplatzgeräten.

Begriff Spielplatzgerät DIN EN 1176-1:2017-12, 3.1

Geräte und Bauten einschließlich Bauteile und Konstruktionselemente, an denen Kinder im Außen- und Innenbereich nach eigenen, jederzeit veränderbaren Regeln oder Spielmotivationen einzeln oder in Gruppen spielen können.

3.1.4 Welche DIN-Norm gilt nach Einbau?

Die Sicherheit von Spielplatzgeräten bemisst sich nach denjenigen Normen, die zur Zeit der Herstellung des Inverkehrbringens gültig waren. Eine Anpassung an später in Kraft tretende Normen ist nur in Ausnahmefällen erforderlich, z. B. wenn sich bei der Nutzung der Geräte explizit herausgestellt hat, dass es auch trotz früherer Norm Gefahrenstellen gibt. Für Spielplätze öffentlicher Anlagen sowie in Kindereinrichtungen gilt die DIN EN 1176 (Spielplatzgeräte und Spielplatzböden).

3.1.5 Das Fundament Spielplatzsicherheit

Der Schlüssel für eine sichere Kinderspielplatzanlage liegt in der Planung von Anlagen und Geräten, denn in dieser sollte bereits der finanzielle Aufwand zur fortlaufenden Instandhaltung berücksichtigt werden, um gegebenenfalls spätere zusätzliche Ausgaben möglichst zu vermeiden. Mit der regelmäßigen fachgerechten Instandhaltung bleibt ein Spielplatzgerät weitgehend „störungsfrei". Die praktische Arbeit bestätigt: Grundsätzlich gibt es Spielplatzgeräte die „wartungsarm", aber nicht komplett wartungsfrei sind. Für jedes Spielplatzgerät hat der Herstellende eine Inspektions- und Wartungsanleitung vorgesehen. Diese Anleitung nebst Aufbauplan sowie weiteren Hinweisen zum Spielplatzgerät, wird spätestens mit Lieferung des Spielplatzgerätes in der Regel demjenigen ausgehändigt, der für die Montage und den Aufbau verantwortlich ist. Nach Prüfung der Installation der Spielplatzgeräte durch einen DIN 79161 zertifizierten Spielplatzprüfer:innen, sind die Inspektions- und Wartungsaufgaben in Abstimmung der DIN EN 1176-7, eventuell darüber hinaus, einzuhalten.

3.1.6 Sicherheitstechnische Festlegung aus deutscher Sicht

Aus deutscher Sicht sind die sicherheitstechnischen Festlegungen für Spielplatzgeräte in der DIN EN 1176 so formuliert, dass eine 100%ige Sicherheit auf Spielplätzen nicht ableitbar ist. Auf jeden Fall soll aber erreicht werden, dass Spielplatzgeräte so beschaffen und in den Spielablauf integriert sind, dass Kinder bestimmte Fähigkeiten trainieren können, dabei aber ein selbstsicheres Verhalten als Lerneffekt erreicht wird. Spielplatzgeräte müssen so konstruiert und aufgestellt sein, dass der Verlust von Leben, Beweglichkeit, Sinneswahrnehmung und der eventuelle Verlust von Gliedmaßen vermieden wird. Als überschaubare kalkulierbare Restrisiken werden Verletzungen in Kauf genommen, wie sie auch im Sport (Freizeitsport und Schulsport) eintreten können. In der Rechtsprechung ist der Begriff „sportlich-spielerisches Risiko“ geprägt worden.

> Die Risiken des Lebens müssen von Kindern erlebbar, erlernbar und damit beherrschbar sein. Spiel mit Risiko ist somit lebensnotwendig.

Wenn man Beispiele bildet wie „blauer Fleck“ usw. legt man die Schwelle niedrig. Im Sport gibt es wesentlich stärkere Verletzungen wie Zerrungen, Brüche von Fuß, Bein, Arm bis hin zu schwerwiegender Gehirnerschütterung. Solche Verletzungen können auf Spielplatzanlagen zwar von stoßdämpfenden Böden abgemildert, aber nie ganz ausgeschlossen werden.

DIN EN 71-8 Aktivitätsspielzeug, privater Bereich

Diese DIN gilt für „Kinderspielzeug“, also Aktivitätsspielzeug für den privaten Gebrauch. Die Artikel dieser DIN sind für den öffentlichen Bereich ungeeignet. Für eine dauerhafte Nutzung, wie auf öffentlichen Spielplätzen oder in Kindertagesstätten üblich, sind die Materialien nicht konstruiert.

3.1.7 Abenteuerspielplätze

Abenteuerspielplätze sind eingezäunte, gesicherte Spielplätze, die entsprechend den pädagogischen Grundsätzen betrieben und personell ausgestattet sind. Sie fördern die Entwicklung von Kindern und sind oft mit selbst gebauten Geräten ausgestattet. Kommerzielle Spielplatzgeräte auf Abenteuerspielplätzen unterliegen der DIN EN 1176.

Auch die kommerziell erworbene Kletterwand ist gemäß DIN EN 1176 zu kontrollieren. Dem Nutzer darf es nicht gelingen, den Dachbereich zu erklettern. Dies gilt selbstverständlich auch für Bereiche in jeglichen anderen Kinder- und Jugendeinrichtungen.

Bild 3.1: Kletterwand auf einem Abenteuerspielplatz, montiert am zentralen Treffpunkt „Haus“

3.1.8 Bestandsschutz

Ältere Spielplatzgeräte aus den späten Achtziger- und den Neunzigerjahren, die der damaligen DIN 7926 entsprechen, finden sich noch heute überall in der Republik. Und ja, diese Spielplatzgeräte genießen den Bestandsschutz, sofern keine Störung im Sinne der aktuellen sicherheitstechnischen Anforderungen, wie zum Beispiel Fangstellen, besteht. Eher selten halten sie jedoch einer eingehenden Materialüberprüfung stand. Nun heißt es eine Menge an Material und Arbeitskraft zu investieren, um den Oldies wieder flott zu bekommen. Mit einer Instandsetzung sind nun auch die neuen sicherheitstechnischen Anforderungen einzuhalten, gemäß aus DIN EN 1176.

> Der Bestandsschutz entfällt für Spielplatzgeräte, die vor der DIN 7926 gebaut wurden, bzw. nicht mindestens dieser DIN entsprechen (BGH, Urteil v. 01.03.1988-VI ZR 190/87-NJW 1988, S. 2.667 ff.).
>
> Spielplatzgeräte nach DIN 7926, die zum Zeitpunkt der Gültigkeit dieser DIN sicher waren, gelten auch heute als sicher, sofern sie nicht grob den aktuellen DIN-Normen widersprechen.

3.1.9 Kennzeichnung der Spielplatzgeräte

Spielplatzgeräte für den öffentlichen Bereich **müssen** spätestens am Tag der Erstabnahme, nach Montage und Aufbau, mit einer Plakette gekennzeichnet sein. Auf der Plakette findet sich ausgeschrieben die „DIN EN 1176“ sowie Name und Anschrift des Geräteherstellers. Die Plakette bestätigt, dass die Herstellung entsprechend der anzuwendenden Norm DIN EN 1176 erfolgte und das Gerät für den öffentlichen Bereich geeignet ist. Bereits im Werk der Spielplatzgerätehersteller:innen erfolgen vor der Herstellung sicherheitstechnische Planungen sowie die Zertifizierung nach DIN EN 1176. Kurzfristig nach der Montage und Aufbau solcher Geräte erfolgt eine sicherheitstechnische Überprüfung durch einen DIN 79161 zertifizierten Prüfenden. Sind alle sicherheitstechnischen Überprüfungen erfolgt, ist nun die regelmäßige Inspektion und Wartung Garant für eine lange Haltbarkeit des Spielplatzgerätes.

Das Spielplatzschild

Neue Schilder sollten so gestaltet werden, dass sie auch von Kindern „gelesen“ werden können bzw. die Piktogramme verständlich sind. Nachfolgende Hinweise in Wort und Piktogramm sollten nicht fehlen:

- Feuerwehr und Krankenwagen 112
- Polizei 110
- Kein Feuer
- Rauchverbot
- Kein Glas
- Hundeverbot
- Altersbegrenzung
- Fahrradhelmverbot
- Kordelverbot
- Adresse des Spielplatzbetreibers
- Telefonnummer zur Schadensmeldung

Kordeln und Schals können unter ungünstigen Umständen für Kinder zur Stranguliergefahr werden. Daher sollte darauf verzichtet werden, Kinder mit Kordeln und Schals auf Spielplätzen toben zu lassen.

Rauchverbot

Zigarettenkippen werden unachtsam auf öffentlichen Spielplätzen „entsorgt“. An Zigarettenkippen können sich Kleinkinder schnell vergiften! In einigen Bundesländern ist das Rauchverbot auf Spielplatzanlagen bereits Gesetz. Eine Beschilderung, auch bei gesetzlicher Regelung zum Rauchverbot, ist sinnvoll, um auch Kinder vor dem passiven Rauchen zu schützen.

3.2 Sicherheit

3.2.1 Garantie und Gewährleistung

Garantie ist eine zusätzlich zur gesetzlichen Gewährleistungspflicht gemachte freiwillige und frei gestaltbare Dienstleistung eines Händlers oder Herstellers gegenüber den Kund:innen (Haltbarkeits- oder Funktionsversprechen). Die Garantiezusage bezieht sich zumeist auf die Funktionsfähigkeit bestimmter Teile oder des gesamten Gerätes über einen bestimmten Zeitraum. Garantie und Gewährleistung in einen „Topf“ werfen? Das ist falsch. Grob kann man festhalten, dass Gewährleistung Sache der Händler:innen ist und die Garantie Sache der Hersteller:innen. Während Händler:innen zu einer Gewährleistung gesetzlich verpflichtet sind, steht es den Hersteller:innen frei, für ihre Produkte zu garantieren. Einen Anspruch auf Reklamation während einer Gewährleistungspflicht oder angegebenen Garantie haben Sie ggf. nur dann, wenn Sie die vom Herstellenden vorgegebenen Inspektions- und Wartungsvorgaben nachweisen können. Es gilt also, neben dem in DIN EN 1176-1 beschriebenen Turnus für Inspektion und Wartung auch den Turnus für Inspektion und Wartung des Herstellenden einzuhalten, da dieser aufgrund nutzungsbedingter und konstruktiver Eigenschaften umfangreicher sein kann. Instandsetzungsarbeiten sind nur mit sachkundigen erforderlichen handwerklichen Fähigkeiten auszuführen, bzw. von Fachkräften ausführen zu lassen.

3.2.2 Begriffe

In einem Spielplatz-Prüfbericht finden sich Begriffe, die Sie vielleicht in ihrer Erklärung so noch nicht gelesen haben.

Spielplatzgerät

Geräte und Bauten einschließlich Bauteilen und Konstruktionselementen, mit oder an denen Kinder im Außen- und Innenbereich nach eigenen, jederzeit veränderbaren Regeln oder Spielmotivationen einzeln oder in Gruppen spielen können.

Klettergerät

Spielplatzgerät, das es dem Nutzer erlaubt, sich auf ihn oder in ihm mit Hand und Fuß-/Beinunterstützung zu bewegen und mindestens drei Kontaktpunkte erfordert, von denen eine die Hand ist. Anmerkung: Während der Bewegung ist es möglich, nur einen oder zwei Kontaktpunkte zu haben, aber dies nur während eines Übergangs von einem Ruhepunkt zum nächsten.

Aufprallfläche

Fläche, auf welche ein Benutzer nach einem Sturz durch den Fallraum auftreffen kann.

Bild 3.2: Aufprallflächen um Spielplatzgeräte müssen von Hindernissen freigehalten werden.

Stoßdämpfender Boden

Boden von Aufprallflächen, der bestimmungsgemäß das Verletzungsrisiko reduziert, wenn man auf ihn fällt.

Spielebene

Ebene eines Spielplatzes, von der aus die Benutzung des Gerätes beginnt und die zumindest die Aufprallfläche einschließt.

Freie Fallhöhe

Größter lotrechter Abstand von der eindeutig beabsichtigten Körperunterstützung zu der Aufprallfläche darunter.

Fallraum

Raum in, auf oder um das Gerät herum, der von einem Nutzer, der von einem erhöhten Teil des Gerätes fällt, durchquert wird. Der Fallraum beginnt ab der freien Fallhöhe.

Mindestraum

Raum, der für die sichere Benutzung des Gerätes benötigt wird und den Fallraum, den Freiraum und den Geräteraum einschließt.

Gemeinsame Benutzung

Benutzung durch mehr als einen Nutzer.

Bild 3.3: Spielplatzgeräte und Kombination für die gemeinsame Benutzung

Quetschstelle

Stelle, bei der sich Geräteteile so gegeneinander oder gegen eine feste Fläche bewegen können, dass Personen oder Körperteile gequetscht werden können.

Scherstelle

Stelle, wo sich ein Geräteteil an einem festen oder anderen sich bewegenden Teil oder an einer festen Fläche vorbei bewegen kann, sodass Personen oder deren Körperteile durchgetrennt werden können.

Leiter

Zugangsvorrichtung mit Sprossen oder Stufen, auf denen ein Benutzer mithilfe der Hände auf- oder absteigen kann.

Fangstelle

Gefährdung, die sich aus der Situation ergibt, in der ein Körper, ein Körperteil oder Kleidungsstück hängen bleiben kann.

Hindernis

Gegenstand oder Teil eines Gegenstandes, der in den Geräteraum, den Fallraum oder den Freiraum eines Benutzers hineinragt. Anmerkung: Die Risiken, die mit Hindernissen in Spielplatzgeräten verbunden sind, variieren je nach ihrer Lage in, auf oder um das Gerät herum, z. B. im Freiraum etwas im Bewegungsverlauf des Benutzers bei erzwungener Bewegung, im Fallraum etwas Hartes und Scharfes, das der Benutzer beim Fallen von einer erhöhten Position treffen kann. Für andere Arten der Bewegung etwas Unerwartetes, mit dem ein Benutzer während in, auf oder um das Gerät herum zusammenstoßen könnte.

Gruppe

Zwei oder mehrere Geräteteile, die so konstruiert sind, dass sie nahe beieinander aufgestellt werden, um die Führung der Spiel-Aktivität zu ermöglichen.

Plattformen

Erhöhte Standfläche auf der ein oder mehrere Benutzer ohne die Notwendigkeit einer Handunterstützung stehen können.

Handlauf

Führung, die dem Benutzer helfen soll, das Gleichgewicht zu halten.

Geländer

Sicherung, die einen Absturz des Benutzers verhindert.

Brüstung

Sicherung, die einen Absturz und zusätzlich das Hindurchrutschen des Benutzers verhindert.

Leicht zugänglich

Nur einfache Geschicklichkeit erfordernd, um das Gerät zu besteigen. Nutzern ermöglichend, sich frei und leicht auf/in dem Gerät zu bewegen, ohne weitere Überlegungen über den Einsatz der Hände und Füße. Einfache Geschicklichkeit sollte die Fähigkeit eines Kindes steuern, einen Zugang zu benutzen. Der Zugang sollte, sofern der Nutzer überlegen muss, wo oder wie er seine Hände und Füße beim Bewältigen eines Zuganges zu benutzen hat, als nicht zugänglich angesehen werden, da dieser die Bewegung verlangsamt und für Zeit zum Eingreifen sorgt.

Steiles Spielelement

Zugangs-/Abgangs-Spielelement mit einer Neigung von mehr als 45 Grad .

Terrassenförmige Plattformen

Nacheinander angeordnete Plattformen mit variierenden Höhen, die es dem Benutzer ermöglichen, auf oder innerhalb des Gerätes auf- und abzusteigen. Anmerkung: Treppen gelten nicht als terrassenförmige Plattformen.

Kritische Fallhöhe

Größtmögliche freie Fallhöhe, für die eine Aufprallfläche ein ausreichendes Maß an Stoßdämpfung bietet.

3.2.3 Fang-, Klemm- und Quetschstellen

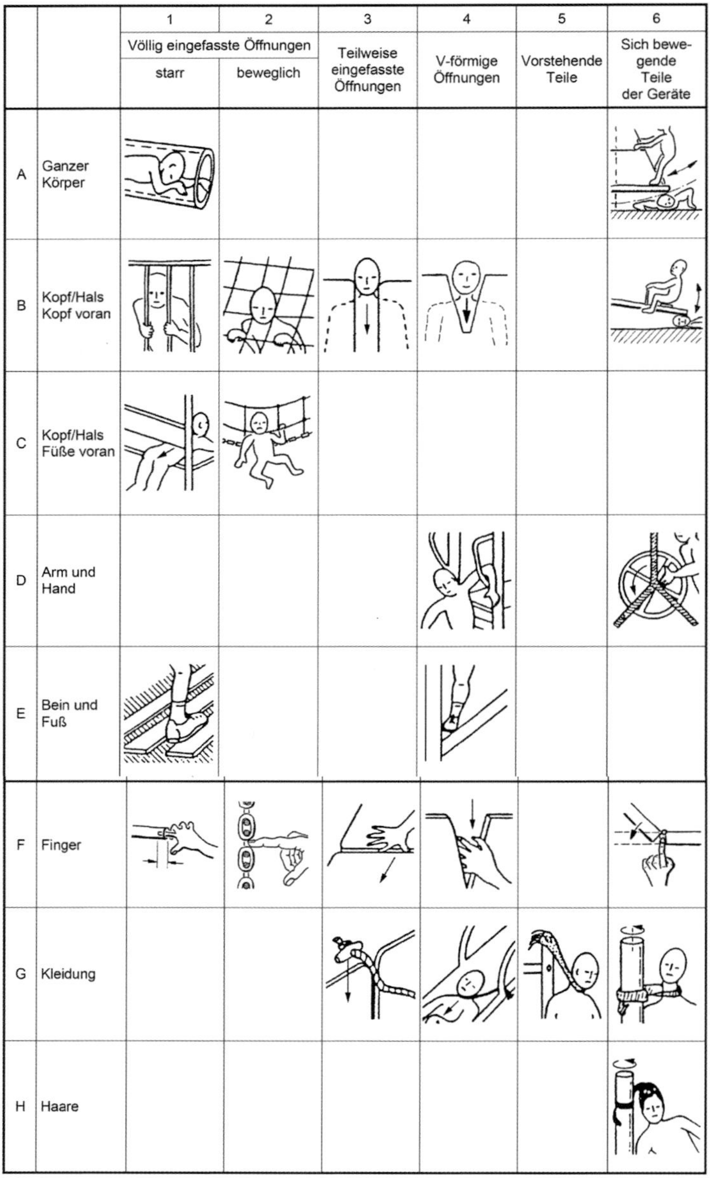

Bild 3.4: Mögliche Fangstellen

3.2.4 Stoßdämpfende Böden und Fallhöhen

Tabelle 3.1: Bodenarten in Abhängigkeit von den zulässigen freien Fallhöhen

Bodenmaterial[a]	Beschreibung	Mindest-Schichtdicke in mm[b]	Größtmögliche freie Fallhöhe in mm
Beton und Stein	–	–	< 600
Bitumen-gebundene Oberflächen	–	–	< 600
Oberboden	–	–	< 1.000
Rasen	–	–	< 1.500
Rindenmulch	zerkleinerte Rinde von Nadelhölzern, 20 mm bis 80 mm Korngröße	200	< 2.000
		300	< 3.000
Holzschnitzel	zerkleinerte Rinde von Nadelhölzern (keine Werkstoffe) ohne Rinden- oder Laubanteile, 5 mm bis 30 mm Korngröße	200	< 2.000
		300	< 3.000
Sand[c]	0,2 mm bis 2 mm Korngröße	200	< 2.000
		300	< 3.000
Kies[c]	2 mm bis 8 mm Korngröße	200	< 2.000
		300	< 3.000
Andere Materialien oder andere Schichtdicken	nach HIC-Prüfung (siehe EN 1177)		Kritische Fallhöhe wie geprüft

a) Sorgfältig vorbereitet für die Nutzung bei Kinderspielplätzen

b) Bei losen Schüttmaterial werden 100 mm zur Mindesttiefe hinzugefügt, um Verdrängung auszugleichen

c) Keine schluffigen oder tonigen Partikel, Korngröße kann unter Verwendung des Siebverfahrens, wie DIN EN 933-1, bestimmt werden

Geräte mit einer freien Fallhöhe von mehr als 600 mm oder mit erzwungener Bewegung.

In der DIN EN 1176-1, 4.2.8.5.2 heißt es:

> Unter allen Spielplatzgeräten mit einer freien Fallhöhe von mehr als 600 mm und/oder Geräten, die eine erzwungene Bewegung des Nutzers verursachen (z. B. Schaukeln, Rutschen, Wippgeräte, Seilbahnen, Karussells usw.), müssen stoßdämpfende Böden über die gesamte Aufprallfläche vorgesehen werden.
>
> ANMERKUNG 1 Spezielle Anforderungen an Geräte, die eine erzwungene Bewegung des Körpers des Nutzers erzeugen (z. B. Schaukeln, Rutschen, Wippen usw.) werden in anderen Teilen der EN 1176 behandelt.
>
> Die kritische Fallhöhe des Bodens muss gleich oder größer der freien Fallhöhe des Gerätes sein.

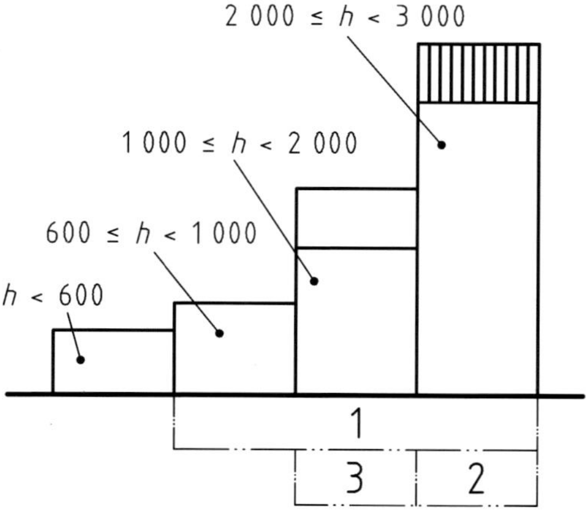

Legende
1 Böden nach Fallschutz-Tabelle DIN EN 1176-1
2 Geländer erforderlich
3 Brüstungen erforderlich

Bild 3.5: Absturzsicherung für nicht leicht zugängliche Geräte

3.2.5 Sicherheitsmaße nach DIN EN 1176

Tabelle 3.2: Sicherheitsmaße nach DIN EN 1176

Bezug	DIN EN 1176		Öffnungsmaße/ Sicherheitsmaße in mm	
	Teil	Abschnitt	Min.	Max.
Steile Spielelemente	1	3.28	45°	
Zugänglichkeit für Erwachsene, Maß der Zugangs-Öffnung	1	4.2.3	500	
Handlaufhöhe z. B. an Treppen, Leitern, Rampen	1	4.2.4.2	600	850
Geländer ist erforderlich für Fallhöhen von	1	4.2.4.3	1 000	2 000
Geländerhöhe	1	4.2.4.3	600	850
Brüstung ist erforderlich für Fallhöhen von	1	4.2.4.3	2 000	3 000
Brüstungshöhe	1	4.2.4.4	700	
Funktionsöffnungen in Brüstungen ohne Quer-Holm	1	4.2.4.4		500
Funktionsprüfung mit Quer-Holm	1	4.2.4.4		1 200
Funktionsöffnungen in Brüstungen an leicht zugänglichen Geräten mit steilen Geräteteilen bis max. 2 000 mm Fallhöhe		4.2.4.4 und 4.2.9.3		500
Handlauf-Greifmaß		4.2.4.7		60
Sprossendurchmesser		4.2.4.7	16	45
Scharfkantige Geräteteile jeglicher Form oder Material (Radius)		4.2.5	3	

Bezug	DIN EN 1176		Öffnungsmaße/ Sicherheitsmaße in mm	
	Teil	Abschnitt	Min.	Max.
Überstehende Teile, Schraubenköpfe usw.		4.2.5		8
Bodenfreiheit unter schweren Balken (> 25 kg) oder sich bewegenden Geräteteilen		4.2.6 und 4.2.15	400	
Winkel in abwärts gerichtete Richtung		4.2.7.1		60°
Fangstellen für Kopf und Hals (vollständig umschlossene Öffnungen) oberhalb von 600 mm über dem Boden, für den Kopf nicht zugänglich (Prüfung mit Prüfkörper C (EU) oder A (D))		4.2.7.2 und D.2.1		89
Fangstellen für Kopf und Hals (teilweise umschlossene und v-förmige Öffnungen) in spitzem Winkel oberhalb von 600 mm über dem Boden (Prüfung mit Prüfkörper Teil „A“)		4.2.7.2 und D.2.2	60°	
Fangstellen für Kopf und Hals (teilweise umschlossene und v-förmige Öffnungen oberhalb von 600 mm über dem Boden (Prüfung mit Prüfkörper Teil „B“)		4.2.7.2 und D.2.2		45
Fangstellen für den ganzen Körper (Tunnel bis 1 000 mm Länge und zwei Öffnungen)		4.2.7.4	400	
Fangstellen für den ganzen Körper (Tunnel bis 2 000 mm Länge und zwei Öffnungen)	1	4.2.7.4	500	

Bezug	DIN EN 1176		Öffnungsmaße/ Sicherheitsmaße in mm	
	Teil	Abschnitt	Min.	Max.
Fangstellen für den ganzen Körper (Tunnel über 2 000 mm Länge und zwei Öffnungen)	1	4.2.7.4	750	
Fangstellen für den ganzen Körper (Tunnel über 2 000 mm Länge und einer Öffnung)	1	4.2.7.4	750	
Fangstellen für den Fuß oder das Bein Spalten in Laufrichtung	1	4.2.7.5		30
Fangstellen für Finger (kann nicht eingeführt werden)	1	4.2.7.6		8
Fangstellen für Finger (kann jederzeit leicht herausgezogen werden)	1	4.2.7.6	25	
Quetschstellen für Finger an veränderlichen Spalten / Geräteteilen	1	4.2.7.6	12	
Freie Fallhöhe an Spielgeräten	1	4.2.8.1		3 000
Mindestschichtdicke bis 2 000 mm Fallhöhe (lose Materialien)	1	4.2.8.5.2	300	
Mindestschichtdicke bis 3 000 mm Fallhöhe (lose Materialien)	1	4.2.8.5.2	400	
Fallhöhe und Böden ohne stoßdämpfende Eigenschaften und ohne erzwungene Bewegung (z. B. Balancierbalken)	1	4.2.8.5.3		600
Fallhöhe innerhalb von Plattformen	1	4.2.8.5.4		1 000

Bezug	DIN EN 1176		Öffnungsmaße/ Sicherheitsmaße in mm	
	Teil	Abschnitt	Min.	Max.
Leiterabstand zu einer Wand o. Ä.	1	4.2.9.1	90	
Treppenstufe, Auftrittstiefe	1	4.2.9.2	110	
Treppenstufen, Mindestüberstand	1	4.2.9.2	140	
Treppenhöhe ohne Zwischenplattform	1	4.2.9.2		2 000
Zwischenplattform für Treppen (Länge × Treppenbreite)	1	4.2.9.2	1 000	
Rampen	1	4.2.9.3		38°
Seilabstand zu festen Geräteteilen zwischen 1 000 mm und 2 000 mm Länge, Seil an einem Ende befestigt.	1	4.2.12.1	600	
Seilabstand zu festen Geräteteilen zwischen 2 000 mm und 4 000 mm Länge, Seil an einem Ende befestigt.	1	4.2.12.1	1 000	
Seilabstand zu schwingenden Geräteteilen zwischen 1 000 mm und 2 000 mm Länge, Seil an einem Ende befestigt	1	4.2.12.1	900	
Fangstellen für Finger an Kettengliedern in einer Richtung gemessen	1	4.2.13		8,6
Fangstellen für Kinder an Verbindungselementen	1	4.2.13	12	
Fundamentabdeckung mit geformten Fundamenten	1	4.2.14	200	

Bezug	DIN EN 1176		Öffnungsmaße/ Sicherheitsmaße in mm	
	Teil	Abschnitt	Min.	Max.
Fundamentabdeckung ohne Ausformung	1	4.2.14	400	
Mindestradius an schweren Balken	1	4.2.15	50	
Bewegungsradius (Auslenkung) von schweren Balken	1	4.2.15		100
Bewegungsbereich (Auslenkung) von schweren Balken zum Pfosten	1	4.2.15	230	
Bodenfreiheit unterhalb von Schaukelsitzen	2	4.2	350	
Bodenfreiheit unterhalb von Reifenschaukeln, Einpunktschaukeln und Nestschaukeln	2	4.2	400	
Bodenfreiheit unterhalb von Kontaktschaukeln	2	4.2	100	
Länge der Aufprallfläche bei Schaukeln, zuzüglich der Länge aus dem errechneten Wert 0,867 × h	2	4.10.2.1	2 250	
Breite der Aufprallfläche (Schaukeltypen 1, 2 und 4)	2	4.10.2.2	1 750	
Höhe der Seitenbrüstung an Rutschen bis 1 200 mm freie Fallhöhe	3	4.4.3	100	
Höhe der Seitenbrüstung an Rutschen von 1 200 mm bis 2 500 mm freie Fallhöhe	3	4.4.3	150	
Höhe der Seitenbrüstung an Rutschen über 2 500 mm freie Fallhöhe	3	4.4.3	500	

Bezug	DIN EN 1176		Öffnungsmaße/ Sicherheitsmaße in mm	
	Teil	Abschnitt	Min.	Max.
Höhe der Seitenbrüstung an Rutschen über 2 000 mm freie Fallhöhe u. leicht zugänglich. Für Deutschland siehe A-Abweichungen in DIN EN 1176-1, F.3.2	3	4.4.3	500	
Breite der Aufprallfläche ab Auslaufteil	3	4.8	1 000	
Höhe des Auslaufteils bis 1 500 mm Rutschteillänge	3	4.5	200	
Höhe des Auslaufteils ab 1 500 mm Rutschteillänge	3	4.5	350	
Seitlicher Aufprallbereich an Rutschen in Abhängigkeit von der Fallhöhe	3	4.8	1 500	
Länge der Aufprallfläche ab Auslaufteil (Typ 2)	3	4.8	1 000	
Länge der Aufprallfläche ab Auslaufteil (Typ 1)	3	4.8	2 000	
Mindestdurchmesser von Tunnelrutschen	3	4.9.1	750	
Bodenfreiheit an Seilbahnen für sitzende Benutzung	4	4.12	400	
Fallhöhe in Sitzposition	4	4.12		2 000
Bodenfreiheit an Seilbahnen für hängende Benutzung an der Startstation	4	4.12	1 500	
Bodenfreiheit an Seilbahnen für hängende Benutzung in Fahrstellung	4	4.12	2 000	

Bezug	DIN EN 1176		Öffnungsmaße/ Sicherheitsmaße in mm	
	Teil	Abschnitt	Min.	Max.
Bodenfreiheit an Seilbahnen für hängende Benutzung mit starren Griffen in Fahrstellung und an der Startstation	4	4.12	2 000	
Seilabstand vom Seil zum Sitz bei einer sitzenden Benutzung	4	4.13	2 100[a]	
Seilabstand vom Seil zum Griff bei hängender Benutzung	4	4.13	300	
Aufprallfläche seitlich auf jeder Seite der Seilbahn	4	4.14	2 000[a]	
Fallraum eines Karussells	5	4.3	2 000	
Fallraum einer Drehscheibe	5	5.5.5	3 000	
Bodenfreiheit eines Karussells Typ A Drehkreuz	5	5.1	400	
Spaltenbreite zwischen Karussellrand und umgebendem Boden	5	5.2.2		8
Versatz zwischen Karussell-rand und umgebendem Boden	5	5.2.2		20
Zusätzlicher hindernisfreier Fallraum eines Karussells mit hängender Benutzung	5	5.3.4	1 000	
Bodenfreiheit an Wippgeräten	6	4.6 + 4.10	230	
Fallraum an Wippgeräten	6	4.10	1 000[a]	
Fallhöhe an Wippgeräten	6	4.10		2 000[a]
a) Siehe gesonderte Tabelle oder Anmerkung im entsprechenden Abschnitt				

Richtwerte aus DIN EN 13411-5 für Drahtseile

Tabelle 3.3: Richtwerte aus DIN EN 13411-5 für Drahtseile

Nenngröße	Drehmoment [Nm]	Erforderliche Anzahl Klemmen
5	2	3
6,5	3,5	3
8	6	4
10	9	4
12	20	4
14	33	4
16	49	4
19	67,7	4
22	107	5
26	147	5
30	212	6
34	296	6
40	363	6

Die erste Seilklemme soll möglichst dicht an der Kausche montiert sein. Der darauffolgende Abstand zu weiteren Drahtseilklemmen soll etwa 1,5 bis $3 \times t$ betragen ($t =$ Klemmbreite), bzw. gemäß Herstellerangabe. Der Klemmbügel ist immer so zu befestigen, dass dieser auf dem unbelasteten Seilende aufliegt. Die Anzahl der Seilklemmen ist abhängig vom erforderlichen Anziehmoment, bzw. gemäß Herstellerangabe. Drahtseilklemmen werden nach der Montage nach 1 Tag sowie dann nach 1 Woche, 4 Wochen und mindestens alle 6 Monate kontrolliert bzw. gewartet. Bei einer unsachgemäßen Montage verursachen die Bügel der Drahtseilklemmen am tragenden Seilstrang Quetschungen. Das Seil ist dann vorgeschädigt und bei Belastung ist Bruch zu erwarten.

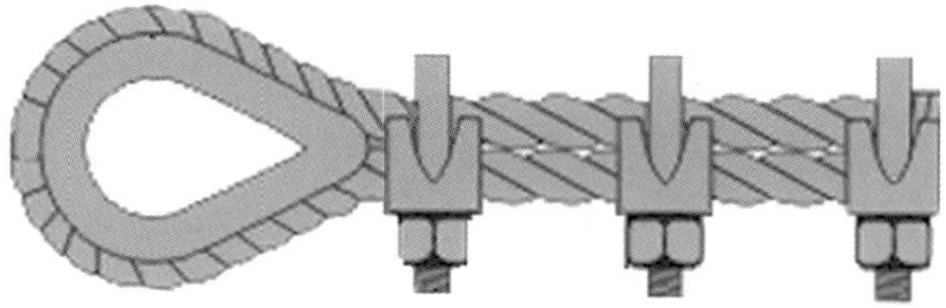

Bild 3.6: Mittig richtig montierte Drahtseilklemme

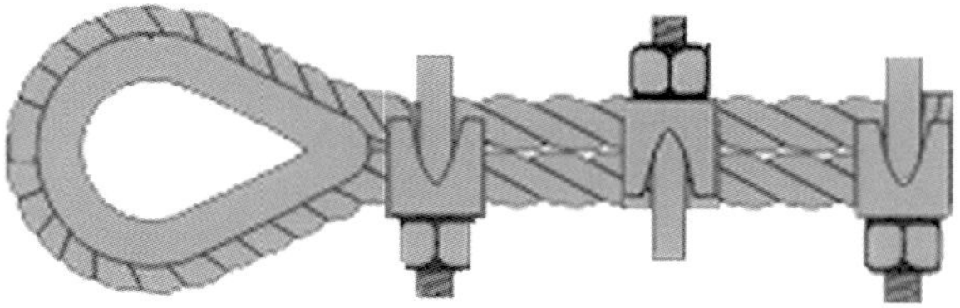

Bild 3.7: Mittig falsch montierte Drahtseilklemme

3.3 Wartung

3.3.1 DIN EN 1176-1 Anforderungen und Prüfverfahren

Dieser Teil der DIN EN 1176 legt die allgemeinen Sicherheitsanforderungen für standortgebundene öffentliche Spielplatzgeräte und Spielplatzböden fest. Zusätzliche Sicherheitsanforderungen für spezielle Spielplatzgeräte sind in Teilen dieser Norm festgelegt. Dieser Teil der DIN EN 1176 gilt für alle Kinder. Er wurde in voller Anerkennung der Notwendigkeit von Aufsicht für Kleinkinder und weniger geschickte Kinder oder leistungsfähige Kinder erstellt. Der Zweck dieses Teils der DIN EN 1176 besteht darin, ein geeignetes Sicherheitsniveau beim Spielen in, an oder um Spielplatzgeräte herum sicherzustellen und gleichzeitig Aktivitäten und Eigenschaften zu fördern, die bekanntermaßen den Kindern nützen, da sie wertvolle Erfahrungen liefern, die sie in die Lage versetzen, Situationen außerhalb der Spielplätze zu bewältigen. Dieser Teil der DIN EN 1176 gilt für Spielplatzgeräte, die für einzelne und gemeinsame Benutzung durch Kinder vorgesehen sind. Er gilt auch für Geräte und Elemente, die als Spielplatzgeräte aufgestellt wurden, obwohl sie nicht als solche hergestellt sind (z. B. spielgeräteähnliche Skulpturen), schließt aber Geräte aus, die nach DIN EN 71 (Absatz 3.3) und der Spielzeugrichtlinie als Spielzeug definiert werden. Er gilt nicht für Abenteuerspielplätze, mit Ausnahme von dort befindlichen Geräten kommerziellen Ursprungs. Abenteuerspielplätze sind pädagogisch betreute Plätze, auf denen Kinder und Jugendliche ihre eigenen bautechnischen Fantasien umsetzen, fast ohne Regelung, jedoch stets unter Betreuung. Sofern ein Freizeit- oder Spielplatzgerät im Fachhandel angeschafft wird, das gemäß der DIN EN 1176 hergestellt ist, sind auch die Regeln der DIN EN 1176 einzuhalten. Sofern Zäune als Einfriedung um eine Spielplatzanlage herum mit Schaukeln verwendet werden, sind diese mit einem oder mehreren Zugängen an den Ecken zur Mitte des Spielplatzes hin zu versehen, um Kinder davon abzuhalten, sich um die Schaukeln herum aufzuhalten oder zu bewegen. Die Zugänge sollten so gestaltet sein, dass der Bereich nur langsam betreten werden kann.

Bild 3.8: Gepflegter Spielplatz

Die in Bild 3.8 gezeigten Spielplatzgeräte, einschließlich Sandfläche, sind keine Neuinstallation, sondern Teil eines bereits etwa acht Jahre bestehenden Kinderspielplatzes. Der Grund für solch einen einwandfreien Spielbereich ist einfach: die regelmäßige Pflege, Inspektion und Wartung. In der Planung liegt der Schlüssel für eine dauerhafte gute und gepflegte Spielplatzanlage, nämlich die Kostenberechnung der Spielplatzpflege nach Neuinstallation, einschließlich aller anfallenden Arbeiten gemäß Herstellerangabe in Abstimmung mit der DIN EN 1176-7.

3.3.2 DIN EN 1176-2 Schaukeln

Die DIN EN 1176-2 legt zusätzliche sicherheitstechnische Anforderungen an Schaukeln fest, die dauerhaft installiert und für die Benutzung durch Kinder vorgesehen sind. Zäune können als Einfriedung verwendet werden, stellen im Allgemeinen aber nicht die beste Lösung zur Abgrenzung von Schaukeln dar. Wo sie jedoch verwendet werden, muss der Freiraum in Schaukelrichtung individuell, gemäß DIN EN 1176-2, bewertet werden, abhängig vom Umfeld, Schaukeltyp und Art des Schaukelsitzes. Das größte Risiko einer Fehlanwendung wird bei großen Schaukeln auftreten, und das geringste Risiko bei kleinen Schaukeln wie z. B. Wiegen oder Mini-Korbschaukeln, die für eine Altersgruppe bis maximal vier Jahre bestimmt sind. Bei diesen Mini-Schaukeln ist ein kleinerer Abstand in Schaukelrichtung akzeptabel, wenn das Risiko nicht als ausreichend angesehen wird.

Bild 3.9: Variante Schaukel Typ-1: die Doppelschaukel

Bild 3.10: Schaukelkombination Typ-1

Bei Typ-1 handelt es sich um Schaukelsitze und Schaukelkörbe, die durch ihre Schaukelgelenke ausgerichtet, flexibel einzeln an einem Tragholm hängen und in Bogenform quer zum Tragholm hin- und herschwingen. Dies gilt auch für Schaukeln, die mit einem gleichen Schaukelkonzept als Anbauelement an Spielkombinationen montiert werden. In der Wartung ist u. a. stets darauf zu achten, dass ausreichend Fallschutz vorhanden ist und keine Hindernisse im Fallraum bzw. im Aufprallbereich vorhanden sind.

3.3.2.1 Schaukel-Typen

Schaukel Typ-1, Große Korbschaukel

Bild 3.11: Die große Korbschaukel gehört sowohl zum Schaukel Typ-1 als auch zum Typ Gruppenschaukel.

An sehr kalten Wintertagen gefrieren auch Spielplatzböden, unabhängig davon, ob es sich um synthetischen Fallschutz (siehe Bild 3.11), oder um losen Fallschutz (siehe Bild 3.12) handelt.

Bild 3.12: Große Korbschaukel mit Sand als Fallschutz

Der Abstand von der Mitte der Korbunterseite, mit etwa 25 kg belastet, zur Boden-Oberkante einer großen Korbschaukel sollte mindestens 40 cm betragen. Loser Fallschutz ist regelmäßig aufzufüllen. Der Sicherheitsraum einer großen Korbschaukel unterscheidet sich zu dem einer kleinen Mini-Korbschaukel bzw. Wiegenschaukel erheblich und muss explizit eingehalten werden.

Es empfiehlt sich, für alle Schaukeltypen, an sehr kalten und insbesondere „eisigen" Wintertagen, die Schaukelvorrichtung temporär zu demontieren.

Der Betreibende der Spielanlage ist für die Verkehrssicherungspflicht verantwortlich, auch im Winter.

Schaukel Typ-2

Schaukel Typ-2 ist eine Schaukel mit mehreren Drehachsen. Mit einem Schaukelsitz, der an einem oder mehreren Tragholmen hängt, sodass er sich quer oder längs zu den Tragholmen in einer so waagerecht wie möglichen Stellung bewegen kann.

Bild 3.13: Schaukel Typ-2

Schaukel Typ-3

Die Schaukelabhängung ist an einem Befestigungspunkt gebündelt. Das Schaukelgelenk ist so ausgerichtet, dass sich die Schaukel in alle Richtungen bewegen kann. Einpunktschaukeln brauchen aufgrund ihrer Konstruktion und dynamischen Bewegung einen großzügigen Sicherheitsbereich.

Bild 3.14: Notwendiger großzügiger Sicherheitsraum um die Schaukel herum

Schaukel Typ-4

Die Kontaktschaukel ist eine Gruppe von Schaukelsitzen, die flexibel einzeln an Tragholmen hängen, die um eine Zentralachse, einen Mittelpunkt, angeordnet sind.

Bild 3.15: Schaukel Typ-4, auch als „Sechseckschaukel“ bekannt

Der Abstand von der Reifen-Unterseite zur Boden-Oberkante sollte etwa 10 cm betragen. Die Abhängung ist so berechnet, dass sich die Reifensitze in der Schwingung nicht in der Mitte berühren können.

Die Rollstuhlschaukel

Für diese Spielplatzgeräte gilt die DIN EN 1176.

Bild 3.16: Die Schaukel für Rollstuhlfahrer wurde von einem Rollstuhlfahrer entwickelt.

3.3.2.2 Typischer Verschleiß an Schaukelanlagen

Gefährlicher Verschleiß an Schäkeln und Kettengliedern ist an Spielplatzgeräten, insbesondere Schaukelanlagen, eines der häufigsten Störungsmerkmale.

Bild 3.17: Gefährlicher Verschleiß unter den Kettenschläuchen. Für eine gute Sicht auf Schaukelbuchse und Schäkel – lösen und kürzen Sie den Kettenschlauch.

Bild 3.18: Gefährlicher Verschleiß, der bis zum Abbruch des Schäkels und damit des Schaukelkorbs führt.

Insbesondere Schäkel unter Schläuchen müssen genau kontrolliert werden.

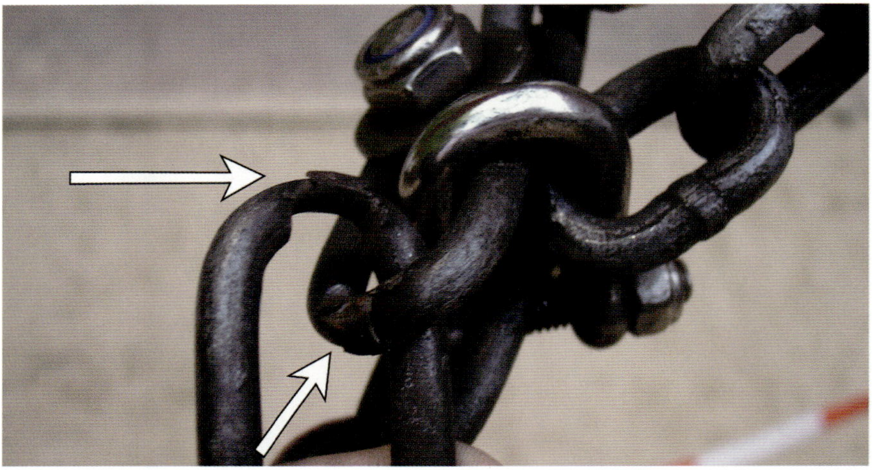

Bild 3.19: Kettenknäuel zergliedern: die einzelnen Kettenglieder für eine Kontrolle zueinander verschieben.

Bild 3.20: Beispiel am flachen Schaukelsitz. Kettenglied zum Sitzbügel verschieben, um Verschleiß festzustellen.

Bild 3.21: Abrieb an Sitzbügel und Kettenglied. Das „schraubbare“ Kettenglied ist im Übrigen nicht normkonform.

In der Inspektion und Wartung ist es u. a. auch erforderlich, Bolzen zu kontrollieren, die mit beweglichen Elementen belastet sind.

Bild 3.22: Schaukelgelenke mit Stehbolzengewinde sollten präventiv demontiert werden, um sicherzustellen, dass sie ihre Funktion voll erfüllen. Korrodierte Bolzen sind im Rahmen der Wartung zu erneuern.

Bild 3.23: Schaukeloberbalken sind neben den Standpfosten gewissenhaft zu kontrollieren.

Bild 3.24: Schaukelbolzen, der als Befestigung zwischen Schaukelsitz und Schaukelkette dient. Wichtig ist, auch nicht einsehbare Schrauben und Bolzen im Turnus zu kontrollieren.

Bild 3.25: Bolzen massiver Edelstahlbuchsen sind im Turnus regelmäßig zu kontrollieren.

Bild 3.26: Gabelgelenk einer Mini-Korbschaukel. Der Sechskant-Bolzenkopf reibt sich unter Belastung, d.h. bei Benutzung der Schaukel, ab. Ein schleichender Prozess.

Bild 3.27: Ist ein Schaukelsitz, unabhängig welcher Art, beschädigt, wird sich der Schaden schnell erweitern. Es kommt unvermeidlich zu Verletzungs- und Unfallgefahr.

Bild 3.28: Verfaulter Standpfosten: Dieser Standpfosten trägt nicht mehr dazu bei, ein sicheres Schaukelgestell zu sein. Auch aufgeständerte Standpfosten sind in der Inspektion und Wartung zu kontrollieren.

3.3.2.3 Schaukel-Check

Schaukeln sind, unabhängig vom Schaukel-Typ, in der Jahreshauptinspektion durch einen DIN 79161 zertifizierten Spielplatzprüfenden zu inspizieren. In der regelmäßigen Inspektion und Wartung ist u. a. Nachfolgendes zu kontrollieren:

- Schaukelsitz, -korb, -schale, -reifen, -tau
- Schäkel, Kette, Sicherungskette, Schlauch
- Montagebolzen, Hülsen, Schraubmutter, Schutzkappe
- Korbbuchsen, Einhängebuchsen, Gestänge
- Schaukelgelenk, -achse
- Oberbalken, Standpfosten (auch im Erdreich)
- Pfostenschuh, Fundament
- Fallschutzmaterial
- Sicherheitsabstände
- Aufprallfläche und Umfeld
- ggf. nachbefestigen, fetten, Verschleißteilersatz, Reparatur

3.3.3 DIN EN 1176-3 Rutschen

Die DIN EN 1176-3 legt zusätzliche sicherheitstechnische Anforderungen an Rutschen fest, die dauerhaft installiert und für die Benutzung durch Kinder vorgesehen sind, von der kleinen freistehenden Rutsche bis hin zur riesigen Anbaurutsche in den großen Freizeitparks. Nachfolgend eine kleine Auswahl von Rutschen-Typen.

> Die DIN EN 1176-3 gilt jedoch nicht für Wasserrutschen, Rollenbahnen oder Rutschanlagen, die mit Hilfsgeräten wie z. B. Matten oder Schlitten benutzt werden. Die DIN EN 1176-3 gilt nicht für geeignete Flächen, die der Benutzer nicht umschließen und führen kann, z. B. Treppengeländer.

3.3.3.1 Rutschen-Typen

Anbaurutsche

Eine Anbaurutsche ist eine Rutsche, bei der der Zugang nur über andere Geräte oder Geräteteile möglich ist. Für Anbaurutschen muss über dem Rutschen-Einstiegsbereich, dem Einsitzteil, ein Sperrriegel vorhanden sein, sofern die Fallhöhe ab Rutschen-Podesthöhe über 1 000 mm beträgt. Der Sperrriegel muss ab Standebene vor dem Rutschen-Einstiegsbereich in einer Höhe zwischen 600 mm bis 900 mm angebracht sein.

Bild 3.29: Anbaurutschen sind beliebte Spielelemente in der Gerätekombination.

Bild 3.30: Anbaurutsche an Holzspielpodest. Der Sperrriegel verhindert das mögliche Fallen auf die Rutschfläche.

Freistehende Rutsche

Eine freistehende Rutsche ist eine Rutsche, die nicht mit anderen Spielplatzgeräten verbunden ist. Sie hat einen eigenen Rutschen-Aufgang in Form von zumeist Rundsprossen. Die erste Sprosse sollte in einer Höhe ab 400 mm angebracht sein, um den Zugang für die Altersgruppe bis drei Jahren zu erschweren. Der lichte Abstand der Sprossen muss mindestens 230 mm betragen, über 230 mm, oder in Kombination gleich oder höher. Rutschen mit einer Höhe über 1.000 mm müssen einen Seitenschutz, die sogenannten Rutschenohren, sowie einen beidseitigen Handlauf, der auch als Seitenschutz dient, aufweisen.

Bild 3.31: Freistehende Rutsche mit Rutschenohren und Seitenschutz

Hügel- und Hangrutsche

Bild 3.32: Abgespielter Boden um die Hügelrutsche herum

Bereits in der Planung ist zu beachten, wie der Rutschen-Hügel bzw. der Hang ordentlich gestützt, sowie welcher Boden um die Rutsche herum angelegt werden soll. An sehr heißen Sommertagen heizen sich Metallrutschen auf. Daher sollen sie in Richtung Norden ausgerichtet werden, idealerweise an einem taglangen schattigen Plätzchen.

Bild 3.33: Hangrutsche. Auslaufflächen freihalten! Ein abruptes Abstoppen kann zu Stauchungen führen.

Röhrenrutsche

Bild 3.34: Fallraum freihalten! Stühle gehören nicht in den Fallraum.

Tunnelrutsche

Bild 3.35: Kombinierte Tunnelrutsche, sicher über den Felsen

3.3.3.2 Typische Störungen an Rutschen

Bild 3.36: Lücken um den Einstiegsbereich an Hügel- und Hangrutschen herum

Bild 3.37: Rutschen-Einstieg. Gefährliche Kordel-Fangstelle

Der Montagebereich für den Anbau einer Rutsche, nicht nur auf einem Betonsockel, muss ausreichend breit sein, sodass die Rutsche in vollem Umfang aufliegen kann. Für die Montage sind entsprechende Verschraubungen zu verwenden und nicht zu vergessen.

Bild 3.38: Starker Verschleiß an GFK und anderen Kunststoffrutschen führen zu einer Schadenserweiterung bis hin zum Bruch des Materials. Verschlissene Rutschen sind gegen neue Rutschen zu ersetzen.

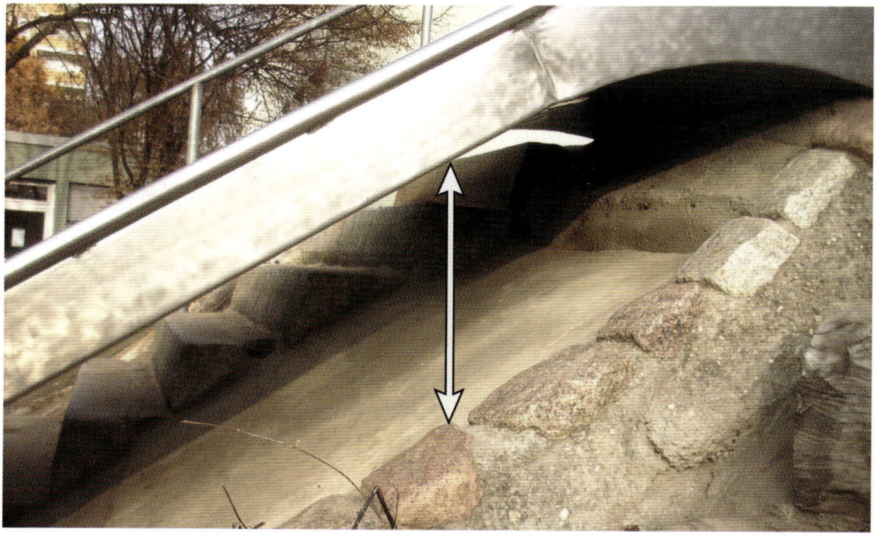

Bild 3.39: Hügelrutsche über Beton, zulässig

Sofern ein Hügel oder eine Hangrutsche dicht über den Boden geführt wird, sollte der Abstand zwischen Rutsche-Unterkante zu Boden-Oberkante 400 mm nicht unterschreiten.

3.3.3.3 Rutschen-Check

Rutschen sind, unabhängig vom Rutschen-Typ, in der Jahreshauptinspektion durch einen DIN 79161 zertifizierten Spielplatzprüfenden zu inspizieren. In der regelmäßigen Inspektion und Wartung ist u. a. Nachfolgendes zu kontrollieren:

- Einstieg, Sperrriegel, Rutschenohren
- Montagebolzen, Schraubmutter, Schutzkappe
- Handlauf, Rutschfläche
- Rutschen-Auslauf
- Fundament, Fallschutzmaterial
- Sicherheitsabstände
- Aufprallfläche und Umfeld
- ggf. nachbefestigen, Verschleißteilersatz, Reparatur

3.3.4 DIN EN 1176-4 Seilbahnen

Diese Europäische Norm gilt für Seilbahnen, mit denen sich Kinder an oder entlang eines Tragseils aufgrund der Einwirkung der Schwerkraft fortbewegen. Diese Norm legt zusätzliche sicherheitstechnische Anforderungen an Seilbahnen fest, die dauerhaft installiert und für die Benutzung durch Kinder vorgesehen sind.

Bild 3.40: Sitzgeführte Strecke entspricht Seilbahn-Typ mit hängender Sitzposition, siehe Bild 3.41

In der Inspektion und Wartung ist u.a. die Spannung des Drahtseils nach Herstellerangabe, sowie auch die Bodenfreiheit unter dem Sitz zu kontrollieren. Für eine Seilbahn, die vorgesehen ist für eine sitzende Benutzung, muss der Abstand zwischen Sitz-Unterkante und Boden-Oberkante bei einer Belastung von etwa 70 kg mindestens 35 cm betragen, mittig der Seilstrecke. Für die Seilbahnen mit hängender Nutzung gelten andere Sicherheitsabstände.

3.3.4.1 Seilbahn-Typen

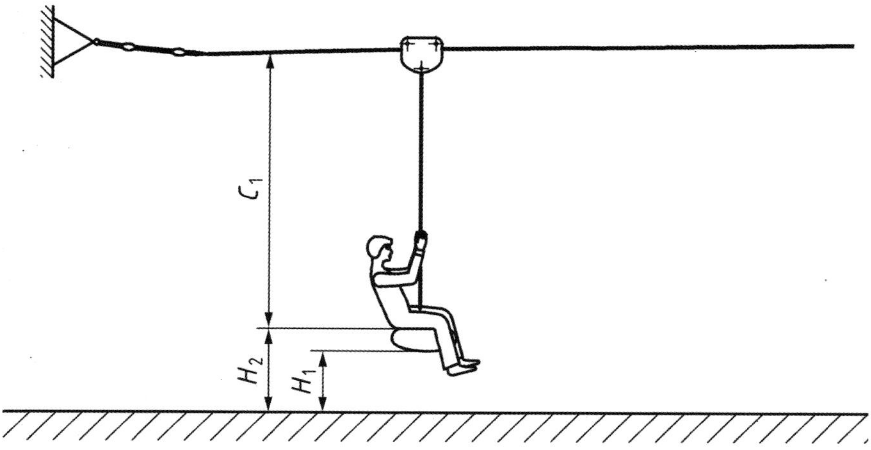

Bild 3.41: Seilbahn mit hängender Sitzposition. C1 ist der Abstand vom Seil zum Sitz. H1 ist die Bodenfreiheit. H2 ist die freie Fallhöhe. Die Bodenfreiheit muss mindestens 35 cm betragen, gemessen mit ca. 70 kg Belastung, mittig der Seilstrecke.

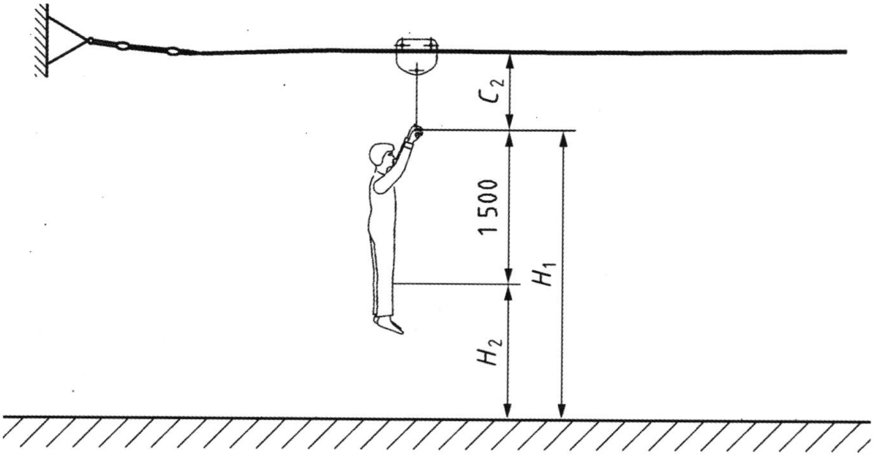

Bild 3.42: Seilbahn für hängende Benutzung, jedoch ohne starre Griffe. C2 ist der Abstand vom Tragseil zum Griff. H1 ist die Bodenfreiheit. H2 ist die freie Fallhöhe. An der Startstation muss die Bodenfreiheit ohne Belastung mindestens 1.500 mm betragen. Mindestens 2.000 mm in Fahrstellung, gemessen mit ca. 70 kg Belastung.

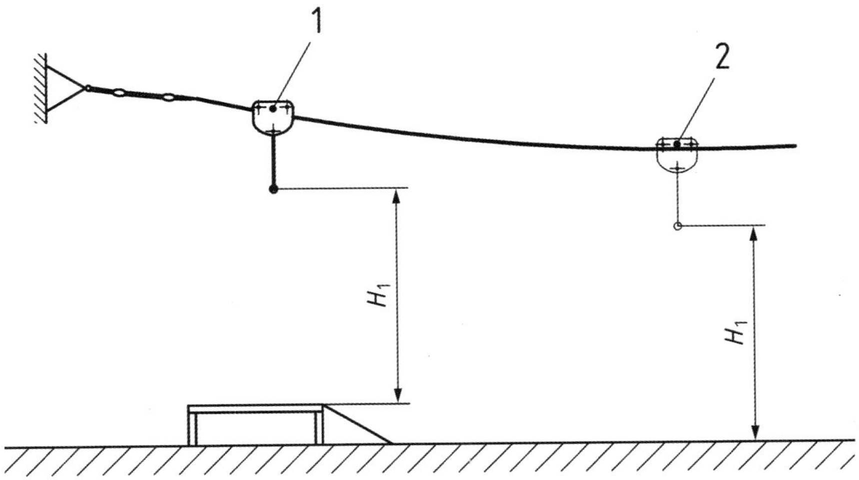

Bild 3.43: Seilbahn für die hängende Benutzung. 1 ist die Startposition. 2 ist die Fahrposition. H1 ist die Bodenfreiheit. Bei Seilbahnen für die hängende Benutzung, bei denen die Laufkatze, die Aufhängung und der Griff eine starre Einheit bilden, ist eine größere Bodenfreiheit notwendig, um Kopfverletzungen zu verhindern.

Verwenden Sie für Seilspannvorrichtungen und Drahtseilklemmen stets das richtige Werkzeug zum Lösen und Befestigen. Das erspart das aufwendige Erneuern kompletter Vorrichtungen. Montieren Sie Drahtseilklemmen stets gemäß DIN-Norm: Richtwerte aus DIN EN 13411-5 für Drahtseile, bzw. gemäß Herstellerangabe. Die Temperatur kann sich auf die Spannung des Drahtseils auswirken. Fragen Sie bei den Hersteller:innen oder bei Ihrem zuständigen Sachverständigen oder Spielplatzprüfer:innen nach der Spannhöhe des Drahtseils. Die Höhe des Drahtseils liegt in der Regel mittig bei einer Belastung von ca. 75 kg bei ca. 2,5 m. Der Sitz muss dann in dieser mittigen Position, gemessen von Oberkante-Boden zu Sitz-Unterkante, einen Abstand von ca. 40 cm haben.

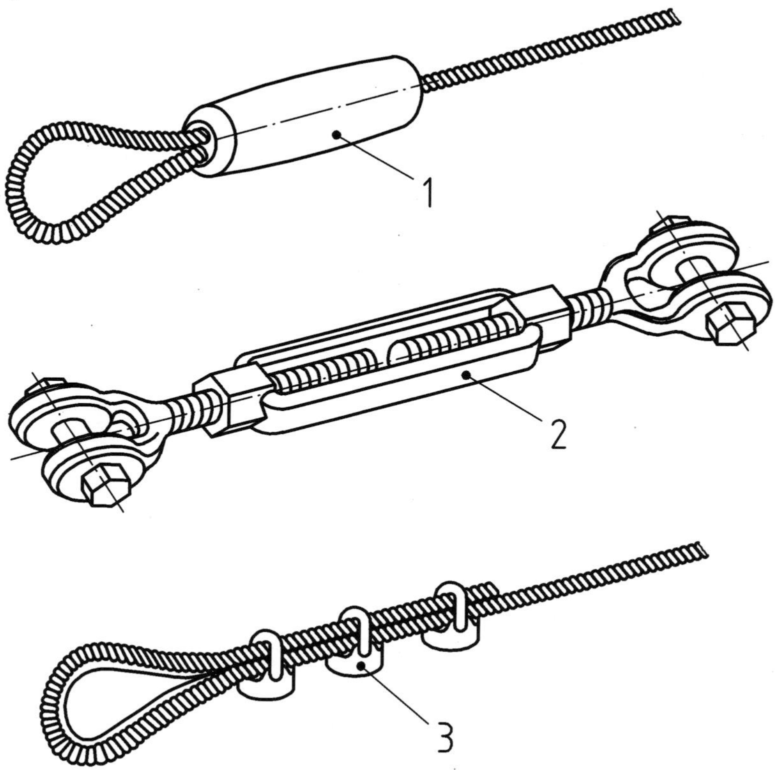

Bild 3.44: Verwenden Sie für Seilspannvorrichtungen und Drahtseilklemmen stets das richtige Werkzeug zum Lösen und Befestigen. Das erspart das aufwendige Erneuern kompletter Vorrichtungen.

Drahtseil-Befestigungen

Wird festgestellt, dass die einzelnen Litzen der Drahtseile gebrochen sind, ist das Drahtseil sofort zu demontieren bzw. zeitnah zu erneuern. Vermeiden Sie, Störungen mit Klebeband „zu sichern" (siehe Bild 3.71), da Sie mit dieser Maßnahme nur erreichen, Kinder in ernsthafte Unfallgefahr zu bringen!

Bild 3.45: Drahtseilklemme und Drahtseil durch langfristige Reibung stark geschädigt

Drahtseilklemmen an insbesondere dynamischen Anbauteilen wie z. B. Wackelbrücken (Bild 5.6) müssen stets sehr aufmerksam kontrolliert werden.

3.3.4.2 Typischer Verschleiß an Seilbahnen

Bild 3.46: Extrembeispiel eines defekten Seilbahnsitzes

Bild 3.47: Drahtseile sind nach Herstellerangabe zu montieren. Die Drahtseile müssen in ihrer Wickelung fest aufeinanderliegen. Lose oder überstehende Drahtseile sind entsprechend zu befestigen bzw. zu korrigieren.

Bild 3.48: Korrosion ist eine negative Veränderung des Werkstoffs und führt zu einer Beeinträchtigung der Funktion eines Bauteils oder Systems. Es ist nicht auszuschließen, dass sich das Drahtseil aufgrund des Verlustes der Material-Oberfläche der korrodierten Seilklemme und Schraubmuttern weiter durch die Drahtseilklemme durchzieht.

Bild 3.49: Seilbahn-Kettenglieder sind u. a. insbesondere direkt unter der Laufkatze sowie auch „in“ der Gummimuffe des Seilbahnsitzes zu kontrollieren. Weiterhin ist das Seil auf gesamter Strecke, einschließlich der Anstoß-Puffer zu kontrollieren. Der Fallschutz muss immer gut kontrolliert werden.

Bild 3.50: Verbindungskettenglied zwischen Laufkatze und starrem Griff

Bild 3.51: Defektes Holz einer Seilbahn-Startrampe

Grundsätzlich sind beschädigte Teile einer Seilbahn sofort zu erneuern, beispielsweise hier das Brüstungsholz einer Startrampe, da diese wie auch die anderen Teile der Seilbahn einer hohen Belastung ausgesetzt sind. Hoher Verschleiß führt unweigerlich zu Unfallgefahr.

3.3.4.3 Seilbahn-Check

- Podest, Geländer, Brüstung, Montagebolzen, Schraubmutter, Schutzkappe
- Schäkel, Kette, Schlauch, Griff
- Seilbahn-Sitz, Gestänge
- Sitzabstand zu Boden mittig
- Drahtseil komplett
- Seilspannung
- Drahtseilhülse, Wickelung
- Standpfosten, Pfostenschuh

- Standpfosten im Erdreich
- Fundament
- Fallschutzmaterial
- Sicherheitsabstände, Aufprallfläche und Umfeld
- ggf. nachbefestigen, Verschleißteilersatz, Reparatur

3.3.5 DIN EN 1176-5 Karussells und Drehscheiben

Dieser Teil der Norm gilt für Karussells, die als Kinderspielgeräte benutzt werden. Die DIN EN 1176-5 legt zusätzliche sicherheitstechnische Anforderungen an standortgebundene Karussells mit einem Durchmesser größer als 500 mm fest, die als dauerhafte Einrichtung und Benutzung durch Kinder vorgesehen sind. Karussells und Drehscheiben unterscheiden sich in fünf Typen.

3.3.5.1 Karussell-Typen

Typ-A

Bild 3.52: Karussell Typ-A ist ein Karussell mit Drehkreuz **ohne** mitdrehenden Boden.

Bei Karussell Typ-A ist u. a. darauf zu achten, dass der Erdboden immer ausreichend vorhanden ist. Ist erst einmal eine tiefere Mulde unter den Sitzen entstanden, besteht die Gefahr, dass sich Kleinkinder insbesondere den Kopf an den harten Kanten der Sitze stoßen können.

Typ-B

Karussell Typ-B mit drehendem Boden.

Bild 3.53: Defekte Bodenplatten sind nicht akzeptabel.

Der Abstand von der Bodenplatte-Unterkante zur Boden-Oberkante sollte etwa 10 cm betragen. Muldenbildung um das Karussell herum ist zu vermeiden. Gefährliche Fangstellen, die durch eine defekte Bodenplatte entstehen, können zu einer sehr gefährlichen Unfallgefahr werden. Solche Störungen sind zeitnah mit einer Instandsetzung zu beseitigen.

Typ-C

Karussells des Typ-C sind Gerätschaften, bei denen die Armkraft des Nutzenden gefordert ist. Es handelt sich bei Typ-C um sogenannte Drehpilze und Rundläufe, Konstruktionen, an denen sich die Nutzer:innen hängend in Kreisform bewegen.

Bild 3.54: Ein Rundlauf zum Anhängen. Der Fallschutz (hier Gummigranulat) ist schadens- und hindernisfrei zu halten. Sind an diesen Geräten Abschmiernippel vorhanden, so sind diese gemäß Herstellerangabe zu bedienen.

Typ-D

Typ-D ist ein bahngeführtes Karussell, das sich durch Hand- oder Fußpedale bewegen lässt.

Bild 3.55: Bahngeführtes Karussell

Typ-E

Bei Typ E handelt es sich um eine Drehscheibe. Um die Drehscheibe herum muss ein Fallraum von mindestens 3.000 mm sein.

Bild 3.56: Drehscheibe Typ-E. Bodenfreiheit Typ-E, mindestens 30 cm sowie an der höchsten Stelle gegenüber maximal 100 cm.

3.3.5.2 Typische Karussellschäden

Muldenbildung

Bild 3.57: Der Abstand Karussellboden-außen-Unterkante zu Boden-Oberkante muss 10 cm betragen.

Gebrochene Metallverbindungen

Bild 3.58: Gebrochene Schweißstellen sind in der Wartung zu korrigieren.

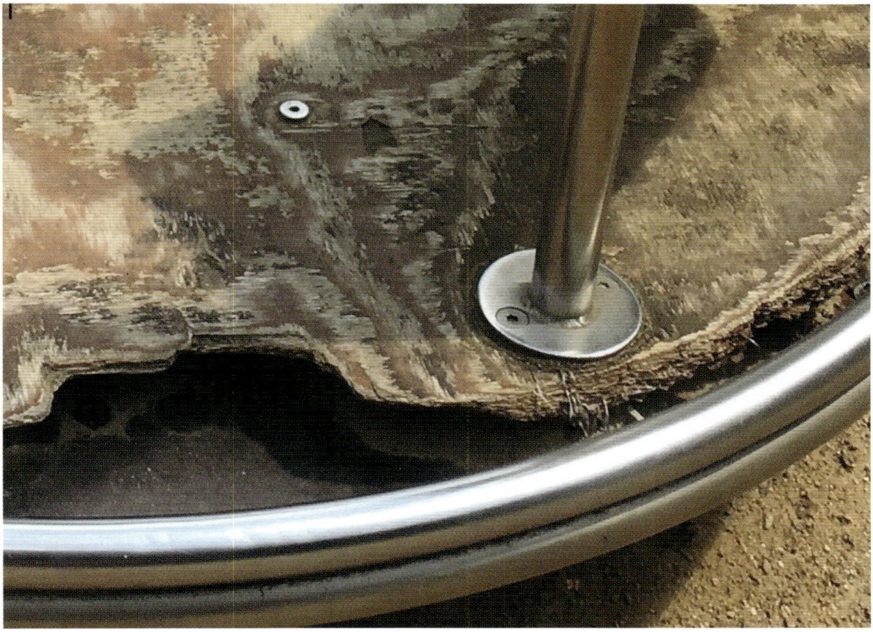

Bild 3.59: Defekte Sitz- oder Bodenbereiche können zu gefährlichen Fangstellen werden.

3.3.5.3 Karussell- und Drehscheiben-Check

- Boden, Sitz, Haltegestänge, Lack
- Schraube, Bolzen, Schraubmutter
- Schmiernippel (fetten), Drehachse, freier Lauf ohne Ruckeln
- Griff und Pedale, sofern vorhanden
- Fallschutzmaterial, Sicherheitsabstände, Aufprallfläche und Umfeld
- ggf. nachbefestigen, fetten, Verschleißteilersatz, Reparatur

3.3.6 DIN EN 1176-6 Wippgeräte

Werden Wippgeräte auch von Kleinkindern benutzt, sollte sichergestellt sein, dass den Kleinkindern auch das Umfassen von Handgriffen möglich ist. Es ist ein Maß von höchstens 30 mm Durchmesser empfohlen. Unabhängig von der Altersgruppe muss das äußere Griffende mindestens 45 mm betragen.

3.3.6.1 Wippgerät-Typen

Typ-1, Axialwippe

Typ-1 ist die wohl bekannteste Ausführung eines Wippgerätes, die Axialwippe.

Bild 3.60: Die Axialwippe gibt es auch in Holz- und Hart-Kunststoffausführung. Die höchste Stellung des Wipp-Balkens einer Wippe Typ-1 darf 1.500 mm betragen. Hat die Wippe keine Bodendämpfung wie z. B. Reifen, darf der mögliche Abstand zum Boden nicht geringer als 230 mm sein.

Typ-2 A und -2B, Einpunkt-Wippe

Typ-2 A und -2B, sind Wipper mit einem Einpunkt-Tragteil, einer Spiralfeder und der Möglichkeit, dass sich die Nutzer:innen in eine oder mehrere Richtungen bewegen.

Bild 3.61: Einsitz-Federwipper Typ-2A. Der freie Fallraum ringsum sollte mindestens 1.000 mm betragen.

Bild 3.62: Der Außendurchmesser der runden Hand- und Fußstützen muss mindestens 45 mm betragen.

Bild 3.63: Wipper Typ-2B, ein Zweisitzwipper

Typ-3 A und Typ-3B, Mehrpunktwippe

Eine Mehrpunktwippe kann beispielsweise ein Wippgerät auf vier oder sechs Spiralfedern sein, das sich bei Benutzung in eine vorgegebene Richtung bewegt. Ein Wippgerät des Typ-3B lässt seine Nutzer:innen in mehrere Richtungen bewegen.

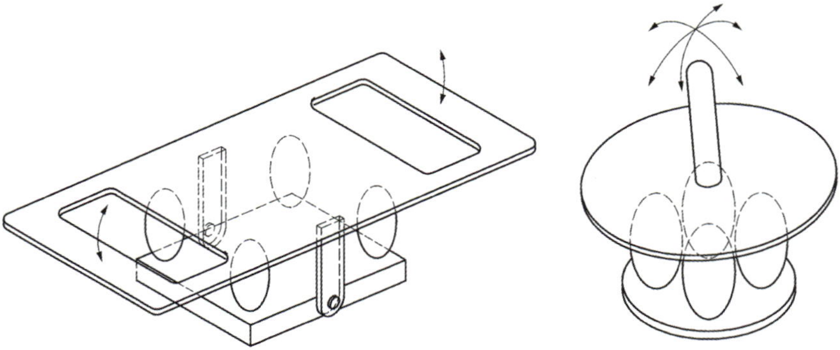

Bild 3.64: Beispiel für Mehrpunkt-Wippen (Typ 3 A und 3B) aus DIN EN 1176-6.

Typ 4, Schwingwippe

Selten, aber noch nicht ganz aus der Mode gekommen, ist der Typ 4. Neuere Vertreter dieser Art von Wippgeräten entsprechen in ihrer Gesamtheit eher den aktuellen Sicherheitsstandards, als der „Oldie" in Bild 3.6.4. Bei Wippen Typ 4 gilt: Die Außenkanten der Hand- und Fußstützen sollten im Umfang mindestens 45 mm betragen. Wippsichel und Sitz sollten eine rutschfeste Eigenschaft aufweisen.

Bild 3.65: Alte Wippe Typ 4

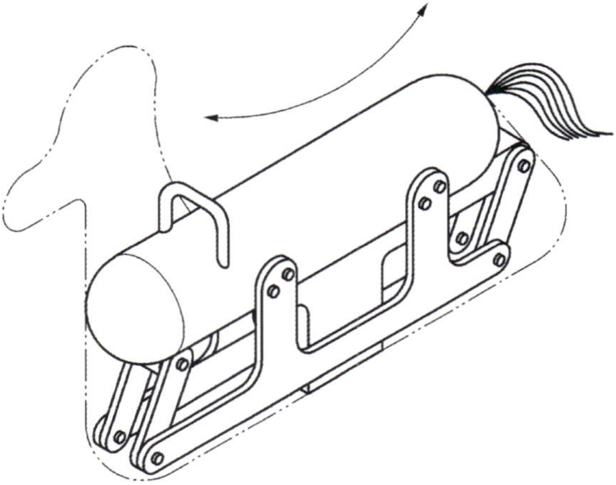

Bild 3.66: Neue Wippe Typ 4 aus DIN EN 1176-6.

Typ 5, Schwenk-Wippe und Typ 6, Überkopf-Wippe

Bild 3.67: Wippe Typ 5

Bei dieser Wippe erfreuen sich die Kinder an der Drehbewegung bei gleichzeitigem Wippen. Wichtig ist, die Verbindungen der Sitze zu den Aufhängungen, sowie die dynamischen oberen Belastungspunkte gründlich zu kontrollieren, ebenso wie auch die Drehmechanik des Querträgers. Dieser ist ggf. abzuschmieren. Im Aufprallbereich im die Wippe herum dürfen sich keine Hindernisse befinden. Ausreichender Fallschutz muss auch hier stets vorhanden sein. Der Standpfosten muss immer fest im Boden bzw. Fundament stehen, sowie regelmäßig ausreichend kontrolliert werden (Einbeiner).

Gleiches gilt für Wippen-Typ 6.

Bild 3.68: Typ 6

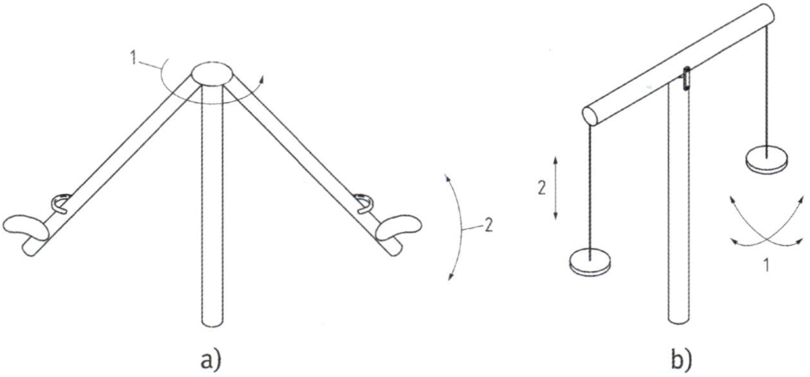

Bild 3.69: Vergleich der Wippen-Typen 5 (a) und 6 (b) aus DIN EN 1176-6.

Stehwippe

Bild 3.70: Stehwippe

In der Inspektion und Wartung ist insbesondere darauf zu achten, dass die Stehplateaus sowie die darunterliegenden Bodenpuffer in einem einwandfreien Zustand sind.

3.3.6.2 Typischer Verschleiß an Wippgeräten

Bild 3.71: Bestandsgeschützte Geräte müssen sich den aktuellen Sicherheitsanforderungen anpassen (Sicherheitstechnische Anforderungen der DIN EN 1176, hier die DIN EN 1176-6).

Der Außendurchmesser runder Wipper und Wippen-Griffe muss mind. 45 mm betragen (siehe Bild 3.66). Auch „bestandsgeschützte" Wipper sollten entsprechend aufgerüstet werden, wegweisend aufgrund der geltenden Verkehrssicherungspflicht unter Berücksichtigung, dass Kinderspielplatzanlagen einer erhöhten Sorgfaltspflicht unterliegen.

Bild 3.72: Ehemals runde Fußstützen

„Betriebsblindheit" kann dazu führen, dass offensichtliche Mängel nicht gesehen werden. Nicht akzeptabel sind messerscharf gewordene Fußstützen für Kleinkinder an einem Federwippgerät.

Bild 3.73: Untypisch, abgebrochene Spiralfeder

Wipper und Wippen-Spiralfedern müssen unterhalb der Sitze sowie am Boden regelmäßig kontrolliert werden. Insbesondere die Rundstahlbügel müssen fest über der Feder sitzen. Korrodiert eine Spiralfeder, kann dies mitunter zu einem Abbruch der Feder führen (siehe Bild 3.68).

3.3.6.3 Wipper- und Wippen-Check

- Schraubmutter, Schutzkappe
- Sitzflächen
- Wipp-Balken
- Montageteller
- Spiralfeder
- Hand- und Fußstützen
- Wippen-Gelenk
- Schmiernippel (fetten)
- Fundament
- Fallschutzmaterial
- Sicherheitsabstände, Aufprallfläche und Umfeld
- Ggf. nachbefestigen, Verschleißteilersatz, Reparatur

3.3.7 DIN EN 1176-10 Vollständig umschlossene Spielgeräte

Dieser Teil der Norm gilt für vollständig umschlossene Spielgeräte, die für die Aufstellung innerhalb und außerhalb von Gebäuden und für Kinder bis 10 Jahren vorgesehen sind. In dieser Norm sind zusätzliche sicherheitstechnische Anforderungen festgelegt, die die Besonderheiten dieser Konstruktionen, wie z.B. Ausgänge und Fluchtwege, Einsehbarkeit, äußeres „Beklettern“, Begrenzungswände und Netze in Bezug auf Sicherheitsbereich, Beständigkeit gegen Entzündbarkeit, spezielle Geräte- und Anbauteile, stoßdämpfende Böden, Beschilderung, spezielle Inspektion und Wartung berücksichtigen.

Gefahrenstellen sind beispielsweise zu klein gebaute Zugänge in Spielgerätekombinationen, oder ein zweiter fehlender Zugang, damit Erwachsene bei Gefahr schnell eingreifen können. Weiterhin werden insbesondere im Innenbereich Hochebenen völlig verschlossen verbaut, um den Kindern ihre „Geheimecken“ zu gönnen. Dennoch muss diese auch einsehbar bleiben und entsprechend angepasst werden.

3.3.8 DIN EN 1176-11 Raumnetze

Dieser Teil der Norm legt zusätzliche sicherheitstechnische Anforderungen für standortgebundene Raumnetze fest, die zur Benutzung durch Kinder vorgesehen sind.

Bild 3.74: Gewöhnliches Kletternetz

Die Maschenweite von gewöhnlichen Kletternetzen wird bereits in der Planung berücksichtigt und gemäß der aktuellen DIN-Norm angepasst, sicherheitstechnisch überprüft sowie zertifiziert. Nach Aufbau und Montage dieser Spielplatzelemente müssen diese, wie auch sämtliche andere Spielplatzgeräte gemäß der DIN EN 1176, von einem zertifizierten Prüfenden nach DIN 79161 auf die Richtigkeit der korrekten Montage unter Einhaltung der aktuellen Sicherheitsmaße, wie beispielsweise Fallraum und Aufprallfläche, in einer Erstabnahme überprüft werden. Für gewöhnliche Kletternetze (siehe Bild 3.69) gilt eine Maschenweite, durch die sich ein runder Prüfkörper mit einem Durchmesser von 230 mm ohne große Kraftanstrengung durchführen lässt. Somit werden insbesondere Kopf-Fangstellen ausgeschlossen. Das Tragen von Helmen innerhalb jeglicher Netzanlage ist grundsätzlich gefährlich, da sich das Kopf-Maß erheblich vergrößert und ein Hängenbleiben bzw. auch Strangulieren nicht auszuschließen ist. Diesbezüglich haben die Spielplatzgeräte-Hersteller:innen bereits reagiert und liefern diese Spielplatzgeräte mit entsprechenden Warnhinweisen bzw. Aufklebern mit verständlichen Piktogrammen.

Sehr beliebt sind Seilpyramiden. In der Inspektion und Wartung ist es nicht damit getan, sich solch eine spieleffektive Konstruktion aus der Bodenperspektive anzuschauen und ein grünes Häkchen zu setzen. Bei diesen Seilpyramiden liegt die Tücke des Verschleißes im Detail. Nur mit einer Draufsicht „von oben" ist der mögliche Verschleiß von Textil-Ummantelungen zu erkennen – was im Übrigen auch für alle anderen Kletternetze gilt.

Bild 3.75: Das stufenweise Erklettern der Seilpyramide garantiert eine sehr gute Draufsicht auf die Seile, um Verschleiß feststellen zu können.

3.3.8.1 Typischer Verschleiß an Netzen und Seilen

Ist das Textil der Drahtseile abgerieben, besteht unbedingter Handlungsbedarf, da in der Schadenserweiterung die einzelnen Drahtlitzen brechen und aus dem Drahtseil hervorstehen.

Bild 3.76: Defekte Seile und Netze sollten sofort demontiert und gegen neue ersetzt werden. Notlösungen sind nicht akzeptabel!

Notlösungen sind keine Lösung in sechs Metern Höhe! Halten Sie unbedingt Abstand von schnellen provisorischen Lösungen, die zum einen nicht gerätespezifisch sind und zum anderen zur Unfallgefahr werden können.

Bild 3.77: Seilkreuze sind immer beidseitig zu kontrollieren. Durch die Nutzung der Seile bzw. Netze können sich kleine Draht-Litzen unterhalb der Textil-Ummantelung verschieben und kleinere Schlingen bilden.

Bild 3.78: Netzpyramide nach Instandsetzung. Auch einzelne Seilstrecken können instandgesetzt werden.

3.3.8.2 Verschleiß an üblichen Seil- bzw. Netzhalterungen

Auf den ersten Blick sind abgenutzte Seilkauschen nicht unbedingt zu erkennen (siehe Bild 3.74). Mit dem Verschieben der Kausche in der Öse ist der Verschleiß festzustellen (siehe Bild 3.75). Es ist jedoch nicht nur die Kausche, die den Abrieb aufweist, sondern auch das Gegenstück, die Stahl-Öse. Eine gewissenhafte Kontrolle schützt vor Risiken, die Kinder nicht einschätzen können.

Bild 3.79: Schwer erkennbarer Verschleiß

Bild 3.80: Abrieb an Kausche und Öse

Bild 3.81: Seil- und Netzhalterungen sind gewissenhaft zu kontrollieren sowie stets nachzubefestigen.

3.3.8.3 Seil- und Netz-Check

- Schraubmutter, Schutzkappe
- Seil- und Netz-Befestigung
- Metallfassung
- Kauschen
- Textil
- Draht
- Spannung
- Fallschutzmaterial
- Sicherheitsabstände, Aufprallfläche und Umfeld
- Ggf. nachbefestigen, Verschleißteilersatz, Reparatur

3.3.9 Bodentrampoline

Kontrollieren Sie an Trampolinen bei jeder Wartung die Sprungmatte, alle Trampolinfedern, Befestigungseisen sowie ggf. angrenzende bzw. montierte Gummilippen und Fallschutzplatten. Überprüfen Sie, ob das Trampolin eine Vorrichtung hat, um die Sprungmatte oder den Trampolinrahmen zu lösen. Somit können Sie den Bereich unter der Sprungmatte ausreinigen. Damit wird verhindert, dass sich im Laufe der Zeit Sand, Blätter und Unrat unter der

Sprungmatte ansammeln sowie der Abstand von der Sprungmatte zum Boden ausreichend bleibt, damit der Nutzende sich keine Stauchungen zufügt. Achten Sie darauf, dass sich im Aufprallbereich keine Gegenstände befinden, auf die der Nutzende fallen könnte. Die Einfassung sollte zum Vorteil des Nutzenden bestehen. Hierzu bieten sich Produkte aus Gummigranulat an, was u.a. den Vorteil hat, dass sich keine Mulden um das Trampolin herum bilden und etwa der Rahmen des Trampolins durch ggf. diese Muldenbildung zur Unfallgefahr wird. Benötigen Sie neue Spannfedern, sollten Sie diese direkt beim Hersteller ordern, oder gerätespezifischen Ersatz ausschließlich im Fachhandel bestellen.

Bild 3.82: Trampoline sollten so eingebaut werden, dass in der Wartung nicht viel Aufwand betrieben werden muss, um die Sprungmatte zu demontieren. Der freie Raum unterhalb der Matte füllt sich innerhalb eines Jahres sehr schnell mit Blättern etc.

3.3.10 Tunnelröhren

Im Boden eingesenkte Tunnelröhren könnten für Kleinkinder bei Wassereinlauf zur Lebensgefahr werden. Es empfiehlt sich, Tunnelröhren bodeneben zu installieren. Die äußeren Kanten der Röhreneingänge sollten auffällig farbig markiert sein, um die eine oder andere Kopfbeule zu vermeiden. Sind über den Kriechröhren aufgrund ihrer Einbauart Brüstungen montiert, müssen diese ebenfalls standsicher und nicht zum Überklettern geeignet sein.

Bild 3.83: Ungünstig installierte Tunnelröhre. Regenwasser muss ungehindert ablaufen können.

3.3.11 Sonnensegel

Insbesondere in kinderbetreuenden Einrichtungen sind Sonnensegel keine Seltenheit mehr. Sonnensegel sollten UV-beständig, wasserabweisend sowie aus robustem reißfestem Material beschaffen sein und stärkere Windböen aushalten. Sie sind in der Inspektion und Wartung sowie der Jahreshauptinspektion aufmerksam zu kontrollieren. Sobald sich bereits nur ein Befestigungspunkt eines Sonnensegels löst, kann das verheerende Folgen haben, indem beispielsweise Befestigungsseile unkontrolliert umherpeitschen. An Sonnensegeln sollten nur Kleineisen verwendet werden, die stets gegen ein selbstständiges Lösen gesichert sind. Bei den Standpfosten eines Sonnensegels sollte stets bedacht werden, wie groß die Sonnensegelanlage insgesamt wird und welche Spannung das Sonnensegel aushalten muss, insbesondere bei starken Windböen oder gar Sturm. Für Sonnensegel, die an Gebäuden befestigt werden sollen, ist vor der Planung unbedingt zu prüfen, ob dies unter fachlicher Berücksichtigung der Regeln des Handwerks überhaupt möglich ist. Eine Befestigung „im Putz" kann schön aussehen, wird auf Dauer aber nicht halten.

Bild 3.84: Unkontrollierte Sonnensegel können zur Unfallgefahr werden.

Sonnensegel-Check

- Weist die Fläche des Sonnensegels Beschädigungen auf? Löcher? Risse?
- Sind eingearbeitete Ösen ohne Beschädigung? Abrieb? Ausfransung?
- Sind Seile ohne Beschädigung?
- Sind Kleineisen sicher befestigt?
- Hängen Seile an den Standpfosten ab?
- Sind die in den Standpfosten montierten Halterungen ohne Beschädigung?
- Sind diese Halterungen fest im bzw. am Standpfosten verankert und gesichert?
- Sind die Standpfosten fest im Boden montiert? Weisen sie Schräglage auf?
- Sind die Standpfosten im Erdreich ohne Beschädigung?
- Weisen die Fundamente der Standpfosten Beschädigung auf? Risse?
- Sind Verstellfunktionen, sofern vorhanden, in ihrer Funktion einwandfrei?

3.3.12 Geräte aus Hartkunststoff, Aluminium und Stahl

Eine neue Generation von Spielplatzgeräten, nämlich in der Kombination aus Hartkunststoff, Aluminium und Stahl, ist sicherlich Geschmackssache. Dennoch erfreuen sich Betreiber:innen von Spielplatzanlagen immer mehr an diesen Geräten. Sehr langfristig gesehen sind diese Gerätschaften weniger „anfällig" als ihre Konkurrenten aus Holzmaterialien. Der Turnus der Inspektion und Wartung ist, material-unabhängig, gemäß DIN EN 1176 in Abstimmung mit den Herstellerangaben, grundsätzlich einzuhalten.

Bild 3.85: Kunststoff, Aluminium und Stahl ersparen einen hartnäckigen Pilzbefall.

3.3.13 Skulpturen

Skulpturen jeglicher Art sind auf Spielplätzen gemäß DIN EN 1176 herzustellen sowie nach dieser Norm in der Inspektion und Wartung zu berücksichtigen.

Bild 3.86: Skulptur

3.3.14 DIN EN 14974 Skateparks

Da mittlerweile in der Nähe von Spielplätzen auch immer öfter Skateranlagen zu finden sind, möchte ich darauf aufmerksam machen, dass diese bei der Jugend beliebten Anlagen auch der Inspektion und Wartung unterliegen. Kleinere Schäden können zu fatalen Unfällen führen. Auch hier gilt, dass Betreiber:innen für die Verkehrssicherungspflicht verantwortlich sind, auch wenn Skateparks keine Spielplätze oder als solche zu bewerten sind. Es gilt in erster Linie die DIN EN 14974.

Bild 3.87: Fehlende Verschraubungen auf den Plattformen lassen die Auflagen nach und nach höher stehen, für Rollen und Reifen heißt es aufgepasst!

Bild 3.88: Überstehende Alu- und Edelstahlkanten an Cubes & Co. können für die Achsen und Rollen von Skateboards oder Reifen von BMX- und Kunstfahrrädern gefährlich werden.

4 Spielplatz-Umfeld

Nutzungsintensität, Jahreszeit und Witterung entscheiden über den Turnus der Reinigung von Anlagen, Spielplatzgeräten und Mobiliar. Täglich bis wöchentlich sind Müllkörbe zu leeren sowie regelmäßig zu reinigen. Wöchentlich bis monatlich sind Tische und Sitzgelegenheiten zu reinigen. Spielplatzgeräte sollten mindestens einmal im Quartal so gereinigt werden, dass sie mindestens frei von Sand- und Kiesrückständen sind, um Staunässe insbesondere auf Holzanbauteilen zu vermindern.

4.1 Wegeflächen und Mobiliar

Wegeflächen sind Rennstrecken für Dreiräder, Fahrräder und Kinderautos, selbstverständlich auch lauf- und Tobestrecken zu Fuß. Daher ist es sehr ratsam, auf fehlendes und defektes Wegmaterial zu achten. Ist die Wegfläche beschädigt (siehe Bild 4.1), muss diese zeitnah instandgesetzt werden. Umliegende Sandflächen sollten Sie sehr aufmerksam kontrollieren, da sich dort möglicherweise Wegeflächen-Überbleibsel oder gar ganze Pflastersteine finden lassen. Insbesondere Sitzbänke oder Tische dürfen sich nicht umkippen lassen. Daher sind diese entsprechend am Boden zu verankern. Kontrollieren Sie Mobiliar auf Standfestigkeit und Materialzustand (siehe Bild 4.2). Mögliche Kleineisen sind ggf. nachzubefestigen oder zu erneuern.

Bild 4.1: Fehlende Pflastersteine sind zeitnah zu ergänzen.

Bild 4.2: Defektes Mobiliar muss zeitnah instand gesetzt werden.

4.2 Müllkörbe

Müllkörbe dürfen auf Spielplatzanlagen nicht fehlen und müssen, je nach Größe der Anlage, ausreichend vorhanden sein. Ein defekter bzw. nur zum „Teil" (siehe Bild 4.3) vorhandener Müllkorb stellt eine Unfallgefahr dar. Die Müllkörbe müssen regelmäßig im Turnus geleert sowie gereinigt werden.

Bild 4.3: Müllkörbe dürfen auf Spielplatzanlagen nicht fehlen. Demontierte Vorrichtungen werden zur Unfallgefahr.

4.3 Wasser-Auffangbehälter

Nicht selten finden sich Wasserablaufroste und Gullydeckel auf Spielplatzanlagen. Sie sorgen für einen ungehinderten Wasserablauf. Die sich in diesen Vorrichtungen befindenden Auffangbehälter und Drainagerohre sind ggf. auszuleeren und zu reinigen, damit das Wasser stets einen einwandfreien Ablauf findet. Ein häufiger Grund für verstopfte Ablauf-Vorrichtungen sind Sand und Blätter. Mit einer regelmäßigen Ausleerung und Reinigung dieser Vorrichtungen dürfte es im Normalfall keine Verstopfungen geben. Wasserablaufroste und Gullydeckel müssen fest und stabil am Boden befestigt sein bzw. sicher in ihren Bodenhalterungen aufliegen (siehe Bild 4.4). Achten Sie bei Rosten auf mögliche gebrochene Stellen. In diesem Fall sind die betroffenen Vorrichtungen stets zu erneuern.

Bild 4.4: Regenrinne als „Auffangbehälter". Gut verschließen, um scharfe Stolperkanten zu vermeiden.

4.4 Holzeinfassungen um Spielflächen

Stark geschädigte oder gefaulte Holzelemente, wie beispielsweise Rundpalisaden, sind gegen neue zu ersetzen. Kleinere Absplitterungen sind ausreichend zu schleifen. Geschliffenes Holz behandeln Sie mit einem geeigneten Holzschutz. Hölzer, die in Spielsand verbaut sind, graben Sie in einem regelmäßigen Turnus ab. Gefaultes Holz (siehe Bild 4.5) erneuern Sie, um ein Übergreifen von Fäulnis wie auch eine Unfallgefahr möglichst zu verhindern.

Bild 4.5: Gefaulte Holzeinfassungen sind zeitnah zu erneuern.

4.5 Gummigranulat

Dieses splitterfreie Material findet sich als Einfassung, als Sitzmöglichkeit, jedoch insbesondere im Bodenbereich als Fallschutz oder Bolzfläche. Kontrollieren Sie in Sitzbereichen das Material auf einen festen Halt. Vorhandene Klebenähte kontrollieren Sie auf Rissbildungen. Ggf. sind Klebenähte mit einem geeigneten Silikon, das auch bei feuchter Witterung angewendet werden kann, zu erneuern. Zur Ausbesserung (siehe Bild 4.6) von Gummigranulat gibt es im Fachhandel herstellerentsprechendes Reparaturmaterial. Sind Böden mit einem Plattensystem aus Gummigranulat verlegt, ist darauf zu achten, dass die Fugen von Unrat und Unkraut freigehalten werden. Somit wird verhindert, dass sich die Platten voneinander verschieben. Von Vorteil ist von vornherein, dass die Platten fachgerecht im Mauerverbund verlegt werden, wie es auch die meisten Hersteller:innen dieser Produkte vorgesehen haben.

Bild 4.6: Ausgebessertes Gummigranulat auf einer Bolzfläche: Gefahr von Stolperkanten

Der Mensch ist auf unserer Erde das Wesen mit dem unsichersten Gang. Koordination zwischen Bewegung und einzelnen Teilen des Bewegungsapparates ist gefragt und für unser Gehirn keine einfache Aufgabe, insbesondere, wenn gestolpert wird. Stolpern erfolgt in der Regel durch eine plötzliche Blockierung der Fußbewegung in Gangrichtung. Gestolpert wird an Stufen, Schrägen und Vertiefungen. Im Spielplatzbereich sollten Einfassungen, z.B. von Sandkästen, ausreichend hoch oder ein ebenerdiger Übergang geschaffen sein. Einfassungen von nur wenigen Zentimetern Höhe werden visuell nicht unbedingt wahrgenommen und sind zudem oft mit Sand in unterschiedlicher Höhe zugespielt. Eine Einfassung mit nur wenigen Zentimetern Höhe birgt das Risiko des schmerzhaften Umknickens, insbesondere bei einem seitlichen Auftritt.

Bild 4.7: Stolperkanten sind nicht akzeptabel.

4.6 Unfallgefahr „Kippen“

Geräte und Mobiliar müssen so befestigt bzw. verankert sein, dass ein Umkippen ausgeschlossen ist.

> Das Oberlandesgericht Schleswig hat entschieden, dass eine Gemeinde als Betreiberin eines Spiel- und Bolzplatzes verpflichtet ist, auf dem Spielplatz vorhandene Fußballtore ausreichend gegen Umkippen zu sichern. Tut sie dies nicht, so muss sie für eventuelle Unfälle haften (Az.:11 U 71/10).

Bild 4.8: Unabhängig von Größe und Material müssen Balltore gegen Umkippen gesichert sein.

4.7 Einfriedung

Eine Einfriedung ist eine bauliche Anlage, z. B. ein Zaun, oder eine andere Maßnahme, z. B. dichte Hecke, um ein Grundstück ganz oder teilweise zu umschließen oder abzugrenzen. Einfriedungen sollen vor unbefugtem Betreten oder Verlassen und Einsicht schützen. Sie stellen eine optische Grundstücksgrenze dar, die die grundstücksrechtliche Grenze für jedermann markieren soll.

Das Landgericht Gießen assoziierte die Einfriedung mit dem Wort Frieden, denn eine Einfriedung soll das Grundstück oder Teile davon vor der Außenwelt schützen und ein Hindernis darstellen, was von außen her den Frieden des Grundstücks stören oder dessen Nutzung beeinträchtigen könnte.

In der DIN 18034-1:2020-10 ist der Begriff „Einfriedung“ wie folgt definiert:

> Spielplätze sind gegenüber Straßen, Kraftfahrzeugstellplätzen, Gleiskörpern, tiefen Wasserläufen, Abgründen und ähnlichen Gefahrenstellen mit einer wirksamen Einfriedung (Zäune oder dichte Hecken) zu versehen.
>
> ANMERKUNG: Bei Heckenpflanzen als Einfriedung können in den ersten Jahren nach der Pflanzung zusätzliche provisorische Schutzmaßnahmen notwendig sein.
>
> Zäune, Schutzgitter und ähnliche Abgrenzungselemente sind so zu gestalten, dass sie nicht zum Klettern verleiten und keine Gefährdung darstellen. Es dürfen keine spitzen, scharfkantigen oder hervorspringenden Teile verwendet werden.
>
> Ballspielbereiche sind mit Ballfang gegen Verkehrsflächen und Nachbargrundstücke abzuschirmen, falls es situationsbedingt erforderlich ist.

4.7.1 Zaun

Für die Einfriedung einer Spielplatzanlage wird sehr oft der sogenannte Stabmattenzaun verwendet. Die Zaunfelder werden von den Hersteller:innen vorwiegend mit einer glatten, sowie einer Seite mit überstehenden Zaunstäben (spitze Abschlüsse) gefertigt. Erstaunlicherweise werden diese Zaunfelder um Kinderspielanlagen zu 70 % mit den überstehenden Zaunstäben nach oben montiert, statt zum Boden. Richtiger wäre, die Seite des Zaunfeldes mit den überstehenden Zaunstäben zum Boden zu montieren, wobei die Zaunstäbe auf Beton-Rasenkantensteinen abschließen sollten. Der Rasenkantenstein dient zusätzlich als Untergrabeschutz. Der Zaun muss mindestens 1,20 m hoch sein. In der Nähe kritischer Bereiche, nämlich tiefer Gewässer, Kfz-Bereiche (auch Parkplätze), Abgründe und Gleisen, sollte der Zaun sehr viel höher sein.

„Zaun“ (jurstisch: „Einfriedung“)

„Zaun“ wird juristisch meistens unter dem Begriff „Einfriedung“ geführt und über die „Verkehrssicherungspflicht“ behandelt. Unter der „Verkehrssicherungspflicht“ versteht man eine deliktrechtliche Verhaltenspflicht zur Abwehr von Gefahrenquellen, deren Unterlassen oder Nichtbeachten Schadensersatzansprüche auslöst. Die grundlegende Bestimmung, aus der sich die Rechte der Geschädigten, aber auch die Verpflichtung des Eigentümers ergeben, ist § 823 BGB. Diese Pflicht trifft auch Eigentümer:innen der Grundstücke, auf der sich u. a. „Einfriedungen“ befinden. Wie man weiß, sind Zäune zunächst einmal dazu da, um Personen vom (unbefugten) Eindringen in die

Privatsphäre oder Sicherheitsbereiche abzuhalten. Das kann zur Berechtigung des Anbringens von Stacheldraht in sicherheitsrelevanten Bereichen (Polizei, Bundeswehr) führen. Wenn es sich nicht um Kinder handelt, die sich am Zaun verletzen, wird ein Eigentümer allerdings wohl kaum haftbar gemacht werden, wenn Personen unbefugt versuchen, einen Zaun zu überwinden und sich dabei verletzen, es sei denn, der Zaun ist so gefährlich, dass die Anbringung unverantwortlich war, etwa weil sie zu tödlichen Verletzungen führen kann.

Es gilt erhöhte Verkehrssicherungspflicht

Bei Kindern muss man davon ausgehen, dass sie sich an Verbote nicht halten und versuchen, etwa über Zäune zu klettern, selbst wenn diese nicht zu Kinderspielplätzen oder Kindereinrichtungen gehören, oder sie sich in anderer Weise unberechenbar verhalten. Daher ist bei Kindern eine grundsätzlich andere Betrachtungsweise vorauszusetzen. Kindern kann man bis zum 10. Lebensjahr kein eigenes „Verschulden" zurechnen, vgl. § 828 BGB. Im Grunde müssen Einfriedungen, die auch Privatgelände (oder auch sicherheitsrelevante Bereiche) schützen, so beschaffen sein, dass zumindest Kinder im Vorschulalter solche Zäune erst gar nicht erklettern können. Verstöße hiergegen können Schadensersatzansprüche aus Verletzung der Verkehrspflicht auslösen. Die erhöhte Verkehrssicherungspflicht von Eigentümer:innen oder Betreiber:innen einer Anlage gegenüber Kindern ist seit Langem Bestandteil der Rechtsprechung des Bundesgerichtshofes.

Grundlegend führt der BGH etwa in seiner Entscheidung vom 4. 5. 1999 – VI ZR 379/98 aus: Jeder Grundstückseigentümer muss wirksame und auf Dauer angelegte Schutzmaßnahmen ergreifen, um Kinder vor den Folgen ihrer Unerfahrenheit und Unbesonnenheit zu schützen, wenn ihm bekannt ist oder sein muss, dass sie – sei es auch trotz Verbotes, sein Grundstück zum Spielen benutzen und die Gefahr besteht, dass sie sich auf den dort gefährlichen befindlichen Gegenständen zu schaffen machen und dabei Schaden erleiden können.

Wenn also in einem Privatgrundstück, welches mit einem Zaun umgeben ist, der mit Spitzen abschließt, fremde Kinder spielen, etwa mit denen des Hauseigentümers, und ein Unfall passiert, kann dies zu Schadensersatzansprüchen führen. So hat das Landgericht Tübingen im Jahre 2001 entschieden (7 O 143/01), dass der Eigentümer auch dann zum Schadensersatz verpflichtet ist, wenn sich ein Kind an einem Zaun verletzt, der nicht einen Kinderspielplatz abgeschlossen hat.

4.7.2 Einfriedungen um betreute Kindereinrichtungen

Bei Kindereinrichtungen und deren Gestaltung hat die Sicherheit der Kinder vor allen anderen Rechtsgütern höchste Priorität. Anders als bei Sicherheitsanlagen oder Privateigentum dient die Einzäunung von Kindereinrichtungen nicht nur dem Schutz von außen, sondern auch dem Schutz der Kinder davor, dass behütete Gelände zu verlassen. Hier ist es gerade der bestimmungsmäßige Gebrauch, dass solche Einrichtungen von Kindern genutzt werden. Einfriedungen sind so zu gestalten, dass sie die Sicherheit der Kinder in keiner Weise gefährden können. Das für alle, die sich beruflich mit Kindereinrichtungen befassen, eine erhöhte Sorgfaltspflicht zu beachten ist, braucht nicht erörtert zu werden. Der BGH hat das wiederholt zur Voraussetzung seiner Rechtsprechung gemacht, Urteil vom 21.04.1997, III ZR 200/74.

Diese erhöhte Sorgfaltspflicht gilt für den Betreibenden von Kindereinrichtungen und Kinderspielplätzen.

Bild 4.9: Für kleine Klettermeister:innen ist ein Zaun kein Hindernis.

Ein Zaun ist nicht unbedingt ein Hindernis, sondern wird ggf. als Herausforderung angenommen. Gibt es Zaunspitzen, kann es sehr wahrscheinlich auch Fleischwunden geben.

Bild 4.10: Schlupflöcher in Maschendrahtzäunen. Zeitnaher Handlungsbedarf ist gefragt.

Bild 4.11: Jägerzäune sind um Spielplatzanlagen nicht zulässig, auch nicht um betreute Anlagen.

Nicht mehr akzeptabel sind Jägerzäune um Spielplatzanlagen. Neben den spitzen Zaunabschlüssen gibt es eine Vielzahl an Kopf- und Hals-Fangstellen in über 60 cm Höhe.

Bild 4.12: Falsch: Stacheldraht um Kindereinrichtungen.

Die jedem Betreiber von Kinderspielplatzanlagen und Grundstücken obliegende Verkehrssicherungspflicht ist bei der Errichtung und dem Betreiben einer Kindereinrichtung erhöht: Es gilt die erhöhte Sorgfaltspflicht. Untergerichtliche Rechtsprechung (z. B. das erwähnte Urteil des Landgerichts Tübingen), Rechtsverordnungen und auch Unfallverhütungsvorschriften lassen keine Zweifel daran, dass Zäune/Einfriedungen bei von Kindern benutzten bzw. für sie vorgesehenen Einrichtungen so zu gestalten sind, dass Verletzungen so weit wie möglich vermieden werden. Bei Zäunen stellt sich in erste Linie die Frage, wie deren Oberfläche beschaffen ist, da hier eine große Verletzungsgefahr gegeben ist. Wie es sehr klar in den Ausführungsbestimmungen beispielsweise zum Berliner Kindergartengesetz festgelegt ist, darf es keine Spitzen, Kanten oder Stacheldraht geben. Jeder Überhang von Metallstäben ist zu vermeiden.

Bild 4.13: Guter Zaun

Die GUV, die gesetzliche Unfallkasse, empfiehlt eine Zaunhöhe von mindestens 1.000 mm rund um eine Kindereinrichtung (siehe Bild 4.13). Die obere und untere waagerechte Lattung ist an den Kanten gerundet. Der Abstand der senkrechten runden Zaunstreben beträgt 8,9 cm zueinander. Die Gefahr, dass Kinder ihre Köpfe durch die Zaunstreben drücken, ist somit deutlich vermindert.

4.7.3 Festlegung der Sicherheit durch Verordnungen der Länder

Für Kinderspielplätze und Kindereinrichtungen gibt es diverse landesrechtliche Regelungen und auch von der Gesetzlichen Unfallversicherung herausgegebene Vorschriften. Schließlich gibt es Vorgaben in Form der DIN 18043 und DIN EN 1176. Diese Normen haben in diesem Falle zwar Gesetzeskraft, regeln aber nicht konkret, wie Zäune zu gestalten sind. Derartige Bestimmungen sind in Landesgesetzen und auch in den Unfallverhütungsvorschriften der Gesetzlichen Unfallversicherung enthalten. In Berlin etwa gibt es das Kinderspielplatzgesetz (Gesetz über öffentliche Kinderspielplätze) und die darauf fußenden Ausführungsbestimmungen über die Verkehrssicherheit auf öffentlichen Kinderspielplätzen vom 02.08.2010. Dort, d.h. in den Ausführungsbestimmungen, sind die sicherheitsrelevanten Vorschriften enthalten. Dort heißt es unter Pkt. 2.1 (allgemeine sicherheitsspezifische Anforderungen); Zäune dürfen keine Spitzen, Stacheldraht oder andere scharfe oder spitzkantige Körper aufweisen. So klar ist es in anderen Bestimmungen nicht geregelt. Bei dem bereits erwähnten Urteil des Landgerichts Tübingen hatte sich ein Kind an einem Zaun verletzt, der mit senkrechten Metallstreben mit einer Länge von 2 cm bis 5 cm abschloss. Ein solcher Zaun dürfte niemals durch die Bauordnungsbehörde abgenommen werden.

Festlegungen der Gesetzlichen Unfallversicherungen (GUV-VS 2 für Kindertagesstätten)

Diese Bestimmungen, obwohl keine Rechtsvorschriften, dennoch allgemeingültig, dienen der Unfallverhütung, nicht bei öffentlichen Kinderspielplätzen, sondern bei Kindergärten, Schulen und ähnlichen Kindereinrichtungen. Dort heißt es in § 27 Abs. 4: Einfriedungen sind so zu gestalten, dass sie ausreichend hoch sind, nicht zum Hochklettern verleiten und keine Gefährdung für Kinder darstellen. Auch wenn sich daraus nicht ergibt, dass die Zäune keine Spitzen, Stacheldraht oder andere scharfe Körper haben dürfen, kann im Grunde nichts anderes damit gemeint sein. Bei Kinderspielplätzen kann nichts anderes gelten.

4.8 Treppengeländer

Die Vergangenheit hat gezeigt, dass Kinder mit ihren Köpfen in Treppengeländern stecken geblieben sind. Die Kinder konnten nur mit geschulten Einsatzkräften, sprich Feuerwehr, befreit werden. Die Treppengeländer-Problematik gilt in Kindereinrichtungen für den Innen- und Außenbereich gleichermaßen. Es empfiehlt sich, für ein Treppengeländer den Abstand senkrechter Streben auf maximal 8,9 cm zueinander einzuhalten.

Ein Handlauf in 60 cm Höhe (in Bild 4.14 nicht vorhanden), sollte in Kindereinrichtungen vorhanden sein. Zwischen den einzelnen Stufen ist ein Blech anzubringen (in Bild 4.14 vorhanden), das verhindert, dass die Kinder durch die Stufenabsätze krabbeln bzw. fallen.

Bild 4.14: Für senkrechte Geländerstreben ist ein lichter Abstand von maximal 8,9 cm zu empfehlen.

5 Material

5.1 Holz

5.1.1 Allgemein

Geschädigte Hölzer sind für die Nutzer:innen ein Unfallrisiko. Lediglich minimale Trockenrisse bis 2,5 cm sind als akzeptabel einzustufen. Schäden darüber hinaus sind inakzeptabel. Nach Herstellung verlassen Spielplatzgeräte sicherheitstechnisch überprüft ihre Montagehallen. Das Holz ist neben anderen Werkstoffen in einem einwandfreien, qualitativ sehr guten Zustand. Die Spielplatzbetreiber:innen sind nun gefordert, den guten Zustand der Spielplatzhölzer zu erhalten.

Bild 5.1: Hölzer mit Trockenrissen über 2,5 cm und Verlauf durch tragende Verbindungselemente sind zu erneuern. Es sind nur holzspezifische Füllstoffe zu verwenden, einfache Silikone schaden dem Holz.

Bild 5.2: Hölzer sind im Turnus auf ihre Stabilität zu kontrollieren. Marode Hölzer müssen erneuert werden.

Bild 5.3: Eine Leiter bei der Inspektion ist sehr empfehlenswert – nur so können Schäden an Oberbalken festgestellt werden.

Auch wenn den Anforderungen der Inspektion und Wartung nachgekommen wird, bleibt es nicht aus, dass Holzanbauteile aufgrund von Nutzungsverschleiß, Witterung oder Vandalismus erneuert werden müssen. Hierzu bieten Spielplatzgerätehersteller eine breite Palette an Holzersatzteilen an. Sollten diese Holzbauteile nicht zur Verfügung stehen, und müssen andersweitig organisiert werden, müssen die Holzbauteile den holzspezifischen Ansprüchen des Geräteherstellers gerecht werden.

Holz ist in Dauerhaftigkeitsklassen eingeteilt. Die Dauerhaftigkeit bedeutet die Widerstandskraft gegen äußere Einflüsse wie Witterung und holzzerstörendem Pilz- und Insektenbefall. In der Tabelle 5.1 sind übliche Holzarten aufgelistet, die für die Instandsetzung von Spielplatzgeräten zu empfehlen sind.

Tabelle 5.1: Eigenresistenz (unbehandelter) Holzart gegenüber holzzerstörenden Insekten und Pilzen

Resistenzklasse	Dauerhaftigkeit	Holzart
1	Sehr dauerhaft	Keine
1–2	Dauerhaft bis sehr dauerhaft	Robinie
2	Dauerhaft	Europäische Eiche, Edelkastanie
3	Mäßig dauerhaft	Europäische Lärche, Douglasie
3–4	Wenig dauerhaft bis mäßig dauerhaft	Kiefer
4	Nicht dauerhaft	Fichte, Tanne
5	Vergänglich	Buche, Birke, Erle, Pappel, Esche, Rosskastanie, Platane

Trockenrisse

Holz ist ein lebendiger Werkstoff. Insbesondere Holz im Außenbereich hat die Eigenschaft, auf Witterung zu reagieren. Zu dieser Reaktion gehören auch witterungsbedingte Rissbildungen in Spielplatzhölzern. Dies ist ein normaler Vorgang des Werkstoffes Holz im Außenbereich. In den Sommermonaten kann es vermehrt zu Rissbildungen kommen, den „Trockenrissen". Trockenrisse mit ungeeigneter Spachtelmasse oder Silikon zu bearbeiten ist aussichtslos. Das Ergebnis (Bild 5.4) ist, dass die Füllstoffe aus dem Holz bröseln und sich im Spielsand verteilen.

Bild 5.4: Trockenriss, ca. 2 cm

5.1.1.1 Was tun?

Bei gewöhnlichen Trockenrissen bis ca. 2,5 cm breit, schleifen Sie die Kanten der Risse. Die DIN EN 1176 sieht einen Abrundungsradius von mindestens 3 mm vor. Bevor Sie fachgerechte Füllungen verwenden, ist es empfehlenswert, einen Wetterwechsel abzuwarten, da sich Trockenrisse auch zurückbilden können.

5.1.1.2 Kitt und Silikone

Aufgepasst! Trockenrisse mit falschem Silikon (Bild 5.4), Spachtelmasse oder Kitt zu füllen, ist ein Grund für eine Verschlechterung des Holzzustandes. Die Trockenrisse können sich nicht mehr zurückbilden, Wasser nicht ablaufen, das Holz nicht mehr „atmen". Stellen Sie Risse fest, die sehr viel größer sind als in DIN EN 1176 beschrieben (größer als 2,5 cm, siehe Bild 5.1) oder in tragenden Balken verlaufen, und somit den Halt und die Festigkeit des Holzanbauteils infrage stellen, sind die betreffenden Holzbauteile zu erneuern. Risse, die durch Einbau von Bewehrungen instandgesetzt werden, um eine Tragfähigkeitsverminderung zu vermeiden, sollten grundsätzlich durch Fachfirmen durchgeführt werden.

5.1.1.3 Stellungnahme

Werkstoffbezogene Stellungnahme

Trockenrisse in Holzbauteilen (z. B. Palisaden mit Kern) sind keine gefährlichen Öffnungen im Sinne von DIN EN 1176, da das Hängenbleiben von Fingern durch die Form des Risses (sich nach innen verjüngend) nahezu ausgeschlossen ist.

Halbzeug bezogene Stellungnahme

Nur dann, wenn es sich bei Öffnungen zwischen 8 mm und 25 mm lichte (Weite/Durchmesser), um parallele und hinterschnittige Profile handelt, kann es zum Hängenbleiben kommen, z. B. bei offenen Rohrenden, Löchern und Spalten in dünnwandigen Werkstoffen wie Blech oder in Kettengliedern. Hier können Finger durch Hineinstecken und durch Verkanten festgehalten werden. Durch Körpergewichtseinwirkungen und durch gleichzeitige Eigenbewegungen des Geräteteils kann es zu Knochenbrüchen oder Gliedmaßen-Verlust kommen.

5.1.2 Schäden bei „Einbeinern"

Mastenkontrolle

Es empfiehlt sich, neben der Spielplatz-Jahreshauptinspektion auch eine Bohrwiderstandsmessung an Holzspielplatzgeräten sowie einzeln stehenden Holzstämmen zu veranlassen. Mit nur wenig Messaufwand lassen sich aussagekräftige Informationen zu möglichen Schäden und Restwandstärken von Holzkonstruktionen ermitteln. Grundsätzlich ist diese Methode zur jährlichen Kontrolle an sogenannten „Einbein"-Konstruktionen (Bild 5.5) zusätzlich dringend zu empfehlen. Die Vergangenheit hat gezeigt, dass es an diesen Konstruktionen aufgrund ausgelassener oder nicht ausreichender Überprüfung zu sehr schweren Unfällen kommen kann. Auch künstlerische Installationen sind auf einem Spielplatz gemäß DIN EN 1176 einmal jährlich in der Hauptinspektion zu kontrollieren.

Sonnensegel

Holzstämme von Sonnensegeln gehören auch in die Inspektion und Wartung nach DIN EN 1176-7.

Sehr wichtig ist auch die Kontrolle der einzelnen oberen Metall-Befestigungen, dazu gehören auch mögliche Ösen, Karabiner, Spannfedern, die in das Segel in Verbindung mit den Standpfosten verarbeitet sind. Es empfiehlt sich, unbedingt Sonnensegel von Fachfirmen installieren zu lassen. Die Erfahrung, insbesondere in Kindertagesstätten, zeigt, dass Sonnensegel auch dann aufgespannt sind, wenn das Wetter umschlägt und es sehr windig wird. Kleine Beschädigungen werden durch das Personal nicht gesehen und können zu Unfällen größeren Ausmaßes führen.

Bild 5.5: Ein Neuanstrich verhindert nicht die Holzfäule im Erdboden.

5.1.3 Pilze

Trotz „Dauerhaftigkeitsklasse“: Pilzbefall ist keine Seltenheit. Werden Pilz-Fruchtkörper insbesondere auf Holzoberflächen (Bild 5.6) festgestellt, wird das Holz im Inneren mit hoher Wahrscheinlichkeit zerstört sein. Was tun? Holzzerstörende Pilzarten mit einer chemischen „Keule“ bzw. Lösung, Lasur etc. zu bearbeiten, ist aussichtslos sowie gesundheitsgefährdend. Lassen Sie sich auch nicht darauf ein, das vom Pilz zerstörte Holz mit Spachtelmasse oder Silikonen zu verschließen, da das Ergebnis gleich null ist, sowie ein Risiko darstellt, da das Holz durch den Pilzbefall nicht mehr seine materialspezifischen Eigenschaften aufweist und somit zur Unfall- und Lebensgefahr werden kann!

Bild 5.6: Wird solch ein „Korkartiger Fächer“ entdeckt, ist Vorsicht geboten. In den meisten Fällen ist das Holz innen bereits sehr stark geschädigt und entspricht nicht mehr seinen materialspezifischen Eigenschaften.

5.1.3.1 Blättlingsart (Gloeophyllum spp.)

Jede/r Spielplatzprüfer:in kennt ihn, den wohl bekanntesten „Übeltäter“, der sich durch die Spielplatzhölzer frisst und mitunter verheerende Schäden hinterlässt (siehe Bild 5.7).

Bild 5.7: Das Holz der Hangelsprossen geschädigt durch eine Blättlingsart.

5.1.3.2 Gallerttr äne (Dacrymyces stillatus)

Dieser Pilz bewirkt den Verlust der Festigkeit des Holzes, da der Pilz auch das Lignin im Holz abbaut. Lignine bilden die Festigkeit von pflanzlichem Gewebe. Die Gallerttr äne befällt ganzjährig feuchtes Holz im Außenbereich, meist auf entrindetem Holz. Bei genügend Feuchtigkeit besiedeln sie auch verbautes Holz und können Weißfäule verursachen. Die frischen Fruchtkörper sind erkennbar an ihrer orangen bis gelblichen Farbe (siehe Bild 5.8). Sie sind weich und gelatinös, etwa 1 mm bis 6 mm groß.

Bild 5.8: Die Gallertträne, nur 1–6 mm groß

5.1.4 Holzschutz

Die richtige Lasur und Farbe verleiht Spielplatzgeräten nicht nur ein schönes Aussehen, sondern bietet dem Holz Schutz vor Verwitterung. Perlt das Wasser ab (siehe Bild 5.9), ist das Holz gut geschützt. In der Prüfung zur Vergabe der DIN 53161 wird festgestellt, ob von eingefärbten Kinderspielzeugen bei vorauszusehendem Gebrauch kein Farbmittel in den Mund, die Schleimhäute und die Haut übergehen kann. Speichel, sowie Hautschweiß können auf Oberflächenbehandlungen durch ihre Zusammensetzung auflösende Eigenschaften haben (Speichel ist leicht alkalisch, Schweiß leicht sauer) und die enthaltenen Farbstoffe und Inhaltsstoffe herauslösen, sodass sie in den Körper aufgenommen werden können. Für die Prüfung werden speziell komponierte und in der DIN 53160 genau definierte Prüflösungen eingesetzt, die in ihrer Zusammensetzung und Wirkungsweise Schweiß und Speichel entsprechen. Auch die mit der DIN 71-3 gekennzeichneten Produkte können für die Holzpflege im Innen- und Außenbereich verwendet werden.

Bild 5.9: Perlt das Wasser ab, ist der Holzschutz perfekt.

Leinölfirnis

Mit Leinölfirnis wird das Holz auf biologische Art geschützt. Leinölfirnis ist nicht nur effektiv, sondern hat den Vorteil gegenüber reinem Leinöl, dass es schneller trocknet. Holz-Oberflächen mit Leinölfirnis zu behandeln, ist eine altbewährte Form, Holz zu schützen.

Bild 5.10: Spielbrücke einer Spielplatzgerätekombination

Leinölfirnis lässt sich sehr gut auf geschältem und geschliffenem Robinienholz verwenden. Für diese Produkte steht mittlerweile eine breite Produktpalette zur Auswahl.

Lindan

> Die chemische Chlorverbindung Lindan wurde bis zum Verbot im Jahr 2006 als Wirkstoff gegen Insektenbefall vielen Holzschutzmitteln beigefügt. Es versteht sich von selbst, dass hiermit behandelte Spielplatzgeräte („Altbestände") entfernt werden müssen.

5.1.5 Holzentsorgung

Imprägniertes (gefärbtes, Lasur behandeltes), auch kesseldruckimprägniertes Holz, muss fachgerecht entsorgt werden und darf auf keinen Fall für ein Lagerfeuer und schon gar nicht im Kamin oder Ofen verbrannt werden, da sich durch die Verbrennung dieser Hölzer Giftstoffe freisetzen, die sich gesundheitsschädlich auswirken. Die Verbrennung dieser Hölzer muss in Anlagen bzw. Entsorgungsstellen erfolgen, die nach der Bundesimmissionsschutzverordnung zugelassen sind.

5.2 Metall

Metallkonstruktionen durchlaufen aufgrund ihrer Materialbeschaffenheit einen sehr viel langsameren Schädigungsprozess als Holz, nämlich den der möglichen Korrosion. „Spielplatz-Oldies" werden gerne nachlackiert. Hierdurch ist es möglich, dass sich mit der Zeit Lackschichten lösen, Risse entstehen und somit durch eindringende und anhaltende Feuchtigkeit das Material schleichend durch Korrosion arg geschädigt wird.

Bild 5.11: Das Lackieren älterer Spielplatzgeräte schützt nicht vor möglichen gefährlichen Schäden.

Bild 5.12: Auch Standpfosten aus Metall sind nicht für die Ewigkeit. Auch gilt es, bei der Inspektion und Wartung diese Elemente „im Boden" zu kontrollieren.

5.2.1 Stahl-Festigkeitsklassen

- A1: Durch den hohen Schwefelgehalt haben diese Stähle eine geringere Korrosionsbeständigkeit als andere Stahlsorten. Sie sind bedingt rost- und säurebeständig und bedingt schweißbar.
- A2: Am häufigsten eingesetzt, jedoch nicht geeignet für die Verwendung in chlorhaltigen Schwimmbädern oder in Meerwasser. Rost- und säurebeständig, gut schweißbar.
- A3 hat die gleichen Eigenschaften wie A2-Stähle und ist mit Titan, Niob oder Tantal stabilisiert. Diese Stahlsorte hat eine verbesserte Korrosionsbeständigkeit bei hohen Temperaturen, ist rost- und säurebeständig und gut schweißbar.
- A4 hat die Eigenschaften wie A2-Stähle, jedoch legiert mit Molybdän. Dadurch sehr korrosions- und säurebeständig. Einsetzbar in bzw. an Chlor- und Meerwasserbereichen.

5.2.2 Arten von Stahl

Edelstahl

Edelstahl ist die Bezeichnung für Stähle, die einen besonderen Reinheitsgrad aufweisen. Hierzu gehören Stähle, deren Phosphor- und Schwefelgehalt

0,025 % nicht übersteigt. Diese Edelstähle müssen nicht unbedingt rostfrei sein. Neben der Klassifizierung nach Nummer trägt jeder Stahl auch eine Bezeichnung bzw. einen Kurznamen, die/der sich insbesondere nach seiner Einsatzbestimmung richtet. Stahl wird zudem nach seiner chemischen Zusammensetzung klassifiziert. Beim Kauf von Ersatzteilen aus Edelstahl bzw. nichtrostendem Stahl ist nicht auf den optisch schöneren „Silberlook“ zu achten, sondern vielmehr, ob der Stahl für den infrage kommenden Zweck geeignet ist, bzw. ob das Ersatzteil auch den gerätespezifischen Anforderungen des Spielplatzgeräteherstellers bzw. der entsprechenden DIN-Norm entspricht, sofern das Ersatzteil nicht direkt beim Herstellenden bezogen werden kann.

Verzinkter Stahl

Eine auf Stahl aufgetragene Zinkschicht bewirkt Korrosionsschutz. Die Wirkung des Zinküberzuges verhindert die Korrosion des Eisens bis zu einem Abstand von etwa 5 mm, sodass auch Fehlstellen in der Zinkschicht und bloßliegende Schnittkanten geschützt sind.

Rostfreier Stahl

Dieser Stahl zeichnet sich durch seine deutlich höhere Korrosionsbeständigkeit gegenüber üblichen Stählen aus. Trotz seiner guten Widerstandsfähigkeit entsteht bei dynamischer Belastung, Stahl auf Stahl, Oberflächenverschleiß bis hin zur Grenzwertigkeit. Nichtrostende Stähle sind in der DIN EN 10088-3 und der DIN EN ISO 3506, Teile 1 bis 4 zusammengefasst.

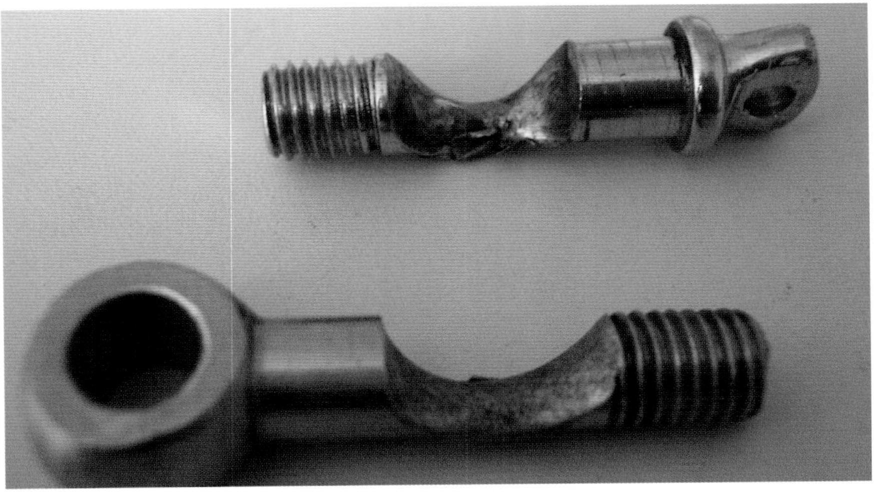

Bild 5.13: Edelstahlbolzen: Verschleiß durch Abrieb. Nichts ist für die Ewigkeit.

Nur mit einer intensiven Kontrolle lassen sich solche Schäden feststellen. Auch Verbindungsbolzen sollten im regelmäßigen Turnus erneuert werden.

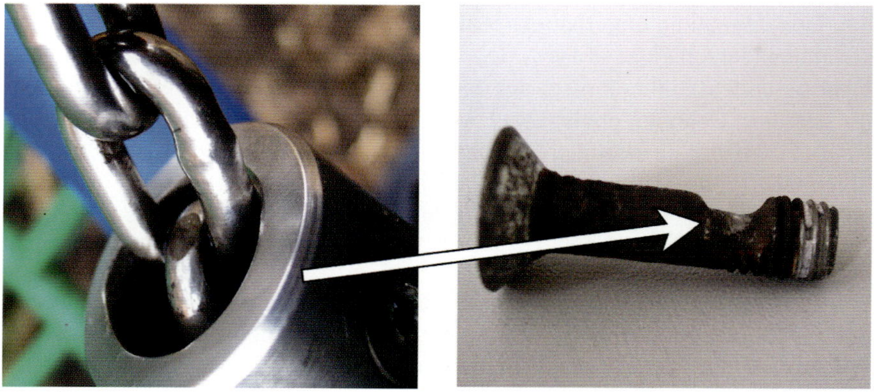

Bild 5.14: Bolzenhalterung einer Schaukelkette von einer großen Korbschaukel, in einer Edelstahlbuchse verschraubt. Vertrauen ist gut, Kontrolle ist hier besser.

5.3 Sand

Spielsand wird aus speziellen Erdschichten abgebaut und in einem aufwendigen Verfahren gereinigt, um ihn von organischen Anteilen sowie von Ton und Lehm zu befreien. Eine gute Spielsandkörnung beträgt 0,1–2,0 mm. Die Tatsache, dass Kinder auch mal gerne Sand „naschen", macht es notwendig, auf Sand zu verzichten, der vielleicht „schön" aussieht, aber dennoch seinen Ursprung nicht aus einem zertifizierten Kieswerk hat, sondern stattdessen vielleicht von der Baustelle nebenan zum Schnäppchenpreis geordert wird. Sand, der nicht als Spielsand zugelassen ist, bzw. kein Zertifikat aufweist, ist womöglich schon mehrmals zum Einsatz gekommen. Unterschätzen Sie nicht die unsichtbare Gefahr einer Schadstoffverunreinigung. Mit einem kompletten Sandaustausch sollte ggf. auch das Vlies erneuert werden, das den Spielsand vom Oberboden trennt, um ein Vermischen der Sandböden sowie möglichen Pflanzenwuchs zu verhindern. Sollte keine Drainageschicht, z. B. aus Rasengittersteinen, vorhanden sein, ist zu empfehlen, mindestens eine wasserdurchlässige reißfeste Vliesschicht herzustellen.

Im Sand toben, buddeln und auch mal den Sand „naschen" schadet unseren Kindern nur in den seltensten Fällen. Nur wenn der Sand ungewöhnlich stark durch Pilzsporen verunreinigt ist, kann es zu Müdigkeit, Abgeschlagenheit bis hin zu Atemwegserkrankungen kommen. Von Tieren ausgeschiedene Parasiten, die sich im Sand unbemerkt anreichern können, können zur Folge haben, dass Bandwurmeier eingeatmet werden, was wiederum gesundheitliche Schäden nicht ausschließt. Nicht zu vergessen sind Schadstoffe, die aus der Luft und durch Regen auf den Sand übertragen werden und sich in den oberen Sandschichten absetzen.

5.3.1 Auswahl

Der gelieferte Spielsand sollte ein Zertifikat aufweisen, in dem die Verwendung als Spielsand bescheinigt ist. Bei der Auswahl des neuen Sandes achten Sie auch auf die Sandkörnung, da reiner Spielsand, mit einer Körnung 0,1–2,0 mm nicht die stoßdämpfenden Eigenschaften hat, insbesondere bei Nässe, wie der gröbere Fallschutzsand mit einer Körnung 0,2–2,0 mm bzw. Fallschutzkies mit einer Körnung 2,0–8,0 mm (rund, nicht gebrochen). Sandprodukte für Spielplätze sollten keine tonigen, lehmhaltigen oder schluffigen Anteile beinhalten.

5.3.2 Austauschturnus

Der Turnus des Spielsandaustausches wird in Deutschland derzeit in nur zwei Bundesländern gesetzlich geregelt, nämlich in Hamburg und Bremen. In Hamburg ist der Spielsandaustausch einmal jährlich vorgeschrieben, in Bremen aller zwei Jahre. In allen anderen Bundesländern gibt es keine direkte gesetzliche Regelung.

5.3.3 Austauschtiefe

Eine Austauschtiefe bis mind. 40–60 cm ist empfehlenswert. Sobald Sie den Sand ausgehoben haben, kontrollieren Sie das Vlies (Trennschicht), sofern eines vorhanden ist. Das Vlies verhindert, dass sich Spielsand mit Oberboden vermischt und Unkraut oder Wurzeln durch den Sand wachsen. Entfernen Sie geschädigte Vliesschichten und erneuern Sie sie. Randsteine und Einfassungen sind zu reinigen, und eine Kontrolle auf Pilz, Fäulnis und Insektenbefall ist erforderlich. Holzelemente sollten mit einem für Kinder unbedenklichen, frischen Holzschutz behandelt werden.

5.3.4 Reinigung

Der Begriff Spielsandreinigung ist nicht falsch zu verstehen: Der Sand wird hierbei nicht wie in einem Waschmaschinenverfahren gereinigt. Es handelt sich hier um ein mechanisches Verfahren, bei dem der Sand aufgelockert und gesiebt wird. Kleinstunrat wie Kronkorken, Zigarettenkippen, Blattwerk und Unkraut werden ausgefiltert. Grundsätzlich sollte dieses Verfahren kostengünstiger als ein Spielsandaustausch sein, jedoch ist auf einen regelmäßigen kompletten Sandaustausch nicht zu verzichten, da durch das Sandsiebverfahren mikrobiologische Verunreinigungen wie z.B. Pilzsporen, kleinste Bestandteile an Tierexkrementen, Schadstoffe aus der Luft wie auch feine Glaspartikel nicht gänzlich beseitigt werden. Es empfiehlt sich, eine jährliche mikrobiologische Laborprobe zur Feststellung der Verunreinigung durchzuführen. Die Kosten dafür sind akzeptabel und bringen Klarheit bezüglich einer Entscheidung für den Austausch, das Aussieben oder das Auffüllen.

5.3.5 Routinepflege und Füllmenge

Harken Sie den Sand mit einem geeigneten Rechen oder mit einer Harke mit kleinem Fangsieb ab. Die Sandfläche ist auf mögliche Verunreinigungen durch Unrat zu kontrollieren bzw. Unrat ist zu entfernen. Achten Sie auf eine ausreichende Füllmenge in der Sandanlage, besonders auch um und unter Spielplatzgeräten. Sand ist schnell weggespielt und Fundamente blinzeln gefährlich durch die Sandschicht. Lockern Sie Kies- und Sandflächen, die als Fallschutz gelten, unter Spielgeräten auf. Dies kann bereits mit einer geeigneten Harke erfolgen. Ggf. füllen Sie je nach Bedarf den Kies bzw. Sand auf. So verhindern Sie, dass Fallschutz verloren geht. In den Wintermonaten ist es möglich, dass die Fallschutzqualität durch Gefrieren der Fläche beeinträchtigt wird. In diesem Fall ist ein Hinweisschild zwar nicht zwingend vorgeschrieben, es macht aber wiederum auch nicht viel Arbeit, eines aufzustellen.

Bild 5.15: Spiel- und Fallschutzsand, Körnung 0,2–2,0 mm

Für Sandspielflächen auf denen Spielplatzgeräte installiert sind, gilt die Körnung 0,2–2,0 mm.

Tabelle 5.2: Empfohlener Turnus der Sandpflege

Täglich	Visuelle Kontrolle	Sofern vorhanden, Unrat entfernen
Wöchentlich	Sand abharken	Auflockern (Aufharkfläche) + 1
Halbjährlich		Bei Bedarf auffüllen, + 1,2
1 × jährlich	Sandprobe (Labortest)	Ggf. austauschen, mechanisch auflockern oder aussieben
Alle zwei bis vier Jahre		Sandaustausch

Fallschutz

Bei losem Fallschutzmaterial ist zu beachten, dass keine tieferen Mulden unter den Spielplatzgeräten entstehen. Harken Sie das Material zu einer ebenen Fläche unter den Spielgeräten zusammen, ggf. ist das Material aufzufüllen. Durch das Aufharken wird das Material belüftet. Spielsand mit einer feinen Körnung von 0,1–2,0 mm ist als Fallschutz ungeeignet, da dieser Spielsand bei Wassereinwirkung fest zusammenbackt und ein Fallschutz bei höheren Geräteteilen nicht mehr gegeben ist. Kies mit einer Körnung von 2,0–8,0 mm eignet sich gut als Fallschutz. Eine auf Dauer wirtschaftliche Lösung für den Fallschutz sind Gummigranulatprodukte, die der DIN EN 1177 (Stoßdämpfende Böden) je nach Fallhöhe entsprechen.

Bild 5.16: Abgespielter Rasen. Im Sommer wird trockener Oberboden zu einem „Härtefall“ und hat absolut keine Fallschutz-Eigenschaft.

5.3.6 Wasserspiel

Aus hygienischer Sicht ist es von Vorteil, dass Sand unter Wasserspielgeräten regelmäßig geharkt und loses Material erneuert wird. Pfützenbildungen sind zu vermeiden. Pfützenbildung kann bereits bei einer Tiefe von 15 cm für Kleinkinder bis 3 Jahre Gefahr bedeuten! Wasserrinnen und Matschtische müssen abgefegt, Wasserpumpen und andere Wasserzapfstellen auf ihre Gebrauchstauglichkeit kontrolliert werden. Das Wasser darf nicht mit zu hohem Druck befördert werden. Plattformen müssen frei zugänglich sein. Aus Holz gefertigte Podeste und Matschtische sowie Plattformen müssen ohne Absplitterungen sein. Unter der Sandschicht sollte ein guter Unterbau hergestellt sein, der das Wasser schnell absickern lässt, um Schlammbildung zu vermindern. Bei für Wasserspiel angelegten Hügeln gilt es, den Boden rund um die Einfassung, wie beispielsweise aus Findlingen (siehe Bild 5.17), stets aufzuarbeiten, da sich der Boden durch das Wasser schneller abnutzt und sich somit Fundamente freilegen (siehe Bild 5.18).

Bild 5.17: Erdböden umher von Hügel stets aufarbeiten bzw. auffüllen.

Bild 5.18: Zu wenig Erde lässt die Fundamente der Einfassung frei werden.

5.4 Dauerhaft witterungsbeständiges Material?

Ein Material für die Ewigkeit ist für Spielplatzgeräte noch nicht erfunden. Es sind im Grunde immer die gleichen Materialien, die verwendet werden. Holz-, Metall-, Kunststoff- und Gummimaterial. Unterschiedliches Material, wie es unterschiedlicher nicht sein kann, dennoch haben alle eine gleiche Eigenschaft: Es entsteht bei Benutzung dieser Materialien „Verschleiß“. Auch mit einer liebevollen sowie der besten Wartung und Instandhaltung sorgt die Benutzung der Spielplatzgeräte für Materialverschleiß. Holzprodukte sind eher von Verschleiß und Beschädigungen betroffen als Produkte aus (recyceltem) Kunststoff oder Metallprodukte. Das liegt daran, dass Holz nicht dauerhaft auf Spielplatzanlagen der Witterung standhält, wohingegen recycelte Kunststoffe und Metalle den Vorteil haben, dass sie witterungsbeständiger sind. Für Spielplatzgeräte kommen als Metalle vorwiegend verzinkter Stahl, Edelstähle und Aluminium in Betracht. Schraubverbindungen aus rostfreiem Stahl sind in der Wartung und Instandhaltung zu empfehlen, sind jedoch auch nicht für die Ewigkeit. Gute Kunststoffprodukte, und hier liegt die Betonung auf „gute“, sind ebenfalls sehr witterungsbeständig und bleiben splitterfrei. Gleiches gilt für Böden oder andere Elemente, die aus qualitativ gutem Gummigranulat hergestellt sind. Entscheidend ist bei allen Materialien grundsätzlich die Qualität. In der Regel hat Qualität seinen Preis, also besser ein paar Euro mehr investieren und auf geprüfte Qualitätsprodukte zurückgreifen als auf ungeprüftes, „schönes“ Material, das zumeist bereits nach nicht allzu langer Zeit Ärger mit zusätzlichen Wartungs- und Instandsetzungskosten bereitet. In der Planung liegt der Schlüssel für eine langlebige Spielplatzanlage.

6 Gefährliche Pflanzen, Pilze und Tiere

Grenzenlose Begeisterung in der Natur – und das ist gut so. Kinder lernen und verstehen. Dennoch wird es immer die Neugierigen, die Abenteurer, die Probanden des Universums geben, die an jenen Pflanzen naschen, von denen wir doch noch gerade erklärt haben, dass sie unbekömmlich oder sogar giftig sind. Aufklärung ist gut, Nachfragen besser. Vergiftungen durch Pflanzen gibt es, wenn Teile der Pflanze in den Verdauungstrakt gelangen. Vergiftungserscheinungen durch Kontakt mit Pflanzensaft sind nur bei wenigen Pflanzen zu erwarten und äußern sich etwa durch ein lokales Taubheitsgefühl. Es gibt jedoch einige Pflanzen, bei denen schon der Hautkontakt schwere Folgen haben kann. Grundsätzlich gibt es eine Vielzahl von Lektüren die „Giftige Pflanzen" beschreiben. Im Regelwerk der GUV ist u. a. beschrieben:

> Giftigkeit ist ein relativer Begriff, das wusste schon der mittelalterliche Arzt Paracelsus, von dem der bekannte Satz stammt: „Allein die Dosis macht ein Gift." Diese Aussage erklärt, warum die Übergänge zwischen Heilpflanzen und Giftpflanzen fließend sind und warum der Begriff „Giftpflanzen" nicht leicht zu umreißen ist.

In der DIN 18034, welche für öffentliche Spielplatzanlagen gilt, sind sechs Pflanzen aufgeführt, die nicht für öffentliche Spielplätze geeignet sind. Gemäß DIN 18034 dürfen auf Spielplätzen die nachfolgenden sechs Pflanzenarten nicht gepflanzt werden:

- Goldregen
- Pfaffenhütchen
- Seidelbast
- Stechpalme
- Herkuleskraut
- Beifußblättriges Traubenkraut

Es gibt aber noch mehr Pflanzen, die sich unserer Gesundheit in den Weg stellen können: Vergifter und Allergieauslöser, die nicht unterschätzt werden sollten. Das Bundesministerium für Umwelt, Naturschutz und Reaktorsicherheit hat eine Liste im Bundesanzeiger veröffentlicht. Es handelt sich um 49 Pflanzenarten, die schon bei Aufnahme geringer Mengen mittelschwere bis sehr schwere Vergiftungen verursachen können. Es empfiehlt sich, diese Pflanzen nicht an Orten, die Kindern als Aufenthalts- und Spielplatz dienen, anzupflanzen.

6.1 Pflanzen

Die nachstehende Tabelle ist durch Informationen aus der Veröffentlichung der GUV (Gesetzliche Unfallversicherung), der DIN 18034 (Spielplätze und Freiräume zum Spielen – Anforderungen und Hinweise für die Planung und den Betrieb), dem Bundesministerium für Umwelt, Naturschutz und Reaktorsicherheit, sowie aus Wikipedia, erarbeitet. Die Tabelle enthält ausschließlich Pflanzen, die auch bei Aufnahme geringer Mengen an Pflanzenmaterial mittelschwere bis schwere Vergiftungen, auch mit Todesfolge, verursachen können.

Tabelle 6.1: Übersicht giftiger Pflanzen

Art	Deutscher Name	Botanischer Name	Toxizität	Giftige Pflanzenteile
S	Efeu	Hedera helix	++	Beeren, Blätter
S	Färberginster, Gilbblümli	Genista tinctoria	++	Samen
S	Faulbaum	Frangula alnus	++	Früchte, frische Rinde, Blätter
S	Gränke	Andromeda polifolia	++	Blüten und Blätter
S	Kirschlorbeer	Prunus laurocerasus	++	Blätter, Samen
S	Lebensbaum, Friedhofsbaum	Thuja spec.	++	Zweigspitzen, Zapfen
S	Sadebaum, Stinkwacholder, unechter Wacholder	Juniperus sabina	++	Alle Pflanzenteile
S, Z	Wandelröschen	Lantana camara	++	Beeren, Kraut
K, N S	Bittersüßer Nachtschatten, Glanzbeere	Solanum dulcamara	++	Beere, Pflanzenteile
K, N, S	Schwarzer Nachtschatten, Hundskraut, Sautod	Solanum nigrum	++	Beere, Pflanzenteile

Art	Deutscher Name	Botanischer Name	Toxizität	Giftige Pflanzenteile
Z	Dieffenbachia – Arten	Dieffenbachia spec	++	Alle Pflanzenteile
Z	Korallenkirsche	Solanum pseudocapsicum	++	Unreife Beeren
Z	Meerzwiebel	Urginea maritima	++	Zwiebel
Z	Oleander, Rosenlorbeer	Nerium oleander	++	Blätter, Blüten, Rinde
K	Aronstab, Aron	Arum maculatum	++	Wurzelstock, Beeren, Blätter
K	Feuerbohne	Phaseolus coccineus	++	unreife rohe Früchte, Blätter
K	Fingerhut, roter u. a.	Digitalis purpurea u. a.	++	Blätter, Blüten, Samen
K	Fingerhut, wolliger	Digitalis lanata	++	Blätter, Blüten, Samen
K	Germer, weißer	Veratrum album	++	alle Pflanzenteile
K	Gift-Hahnenfuß	Ranunculus sceleratus	++	alle Pflanzenteile
K	Gift-Lattich	Lactuca virosa	++	Milchsaft
K	Kaiserkrone	Fritillaria imperialis	++	Zwiebel
K	Kartoffel(-Beeren)	Solanum tuberosum	++	unreife Beeren, Keime, grüne Knollen
K	Kermesbeere	Phytolacca americana	++	alle Pflanzenteile
K	Maiglöckchen, Maiblume, Marienlilie	Convallaria majalis	++	Blüten, Blätter, Beeren

Art	Deutscher Name	Botanischer Name	Toxizität	Giftige Pflanzenteile
K	Wiesen-Bärenklau, Bauernrhabarber	Heracleum sphondylium	++	Blätter und Pflanzensaft
K	Wolfsmilch-Arten	Euphorbia spec.	++	Milchsaft
K	Zaunrübe, rote	Bryonia dioica	++	Wurzel, Beeren, Samen
K	Zaunrübe, weiße	Bryonia alba	++	Wurzel, Beeren, Samen
K	Schlafmohn	Papaver somniferum	++	unreife Kapseln, Milchsaft
K	Bilsenkraut	Hyoscyamus niger	+++	Blätter, Samen
S	Seidelbast-Arten	Daphne spec.	+++	Rinde, Samen, Blüten, Blätter
K	Blauer Eisenhut, Mönchsblume, Fischer- und Reiterkappe, Gifthut, Sturmhut	Aconitum napellus	++++	Alle Pflanzenteile Bloßer Hautkontakt bereits gefährlich!
K	Beifußblättriges Traubenkraut, Wilder Hanf	Ambrosia artemisiifolia	+++	Alle Pflanzenteile
B, S	Stechpalme	Ilex aquifolium	+++	Blätter, Früchte
B, S	Goldregen	Laburnum anagyroides	+++	Blüten, grüne Früchte, Samen
S, K	Engelstrompete	Datura suaveolens	+++	Alle Pflanzenteile
S, K	Arten der Engelstrompete	Brugmansia spec.	+++	Alle Pflanzenteile
K	Herbstzeitlose, Giftkrokus, Zeitlose, kultivierte Arten	Colchicum autumnale Colchicum spec.	+++	Samen, Knolle

Art	Deutscher Name	Botanischer Name	Toxizität	Giftige Pflanzenteile
K, Z	Rizinus Wunderbaum	Ricinus spec.	++	Samen
K	Schierling, Becherkraut,	Conium maculatum	+++	Alle Pflanzenteile
K	Stechapfel	Datura stramonium	+++	Blätter, Samen
K, S, Z	Tabak-Arten	Nicotiana spec.	+++	gesamte Pflanze, außer reife Samen
K	Tollkirsche, Irrbeere	Atropa belladonna	+++	Früchte, Blätter, Wurzeln
K	Wasserschierling, Sumpfgift	Cicuta virosa	+++	Gesamte Pflanze, Saft des Wurzelstockes
K	Herkuleskraut, Bärenklau, Bärenkralle, Herkulesstaude, Krautwusel	Heracleum mantegazzianum	+++	Alle Pflanzenteile *Bloßer Hautkontakt bereits gefährlich*
B, S	Pfaffenhütchen, Spindelstrauch, Pfaffenkäpplein	Euonymus europaeus	++	Samen, Blätter, Rinde
B, S	Eibe	Taxus baccata	+++	Rinde, Nadeln, Samen

B = Baum, K = Kraut, S = Strauch, Z = Zimmer-/Kübelpflanze, N = Nachtschattenarten, P = Pilz

++ = Die Aufnahme geringer Mengen kann zu mittelschweren Vergiftungen oder Hautkontakt zu allergischen Reaktionen führen.

+++ (und mehr) = Die Aufnahme geringer Mengen kann zu schweren bis tödlichen Vergiftungen führen, oder Hautkontakt zu schwerwiegenden allergischen Reaktionen. Die Pflanzen sind in den Tabellen mit ihren botanischen und deutschen Namen aufgeführt, sowie einige gängige Synonyme der Pflanzennamen.

Goldregen (Laburnum anagyroides)

Alle Pflanzenteile des Goldregens sind giftig, besonders die Samen. Die Samen enthalten bis zu drei Prozent des stark giftigen Chinolizidinalkaloids Cytisin. In den Blüten sind ungefähr ein Prozent des Giftstoffes enthalten, die Blätter enthalten etwa 0,5 Prozent Cytisin. Der Gehalt kann jahreszeitlich bedingt schwanken.

Bild 6.1: Alle Pflanzenteile des Goldregens sind giftig.

Bild 6.2: Goldregen

Für den Menschen gelten schon drei bis vier unreife Hülsenfrüchte, 15 bis 20 Samen oder 10 Blüten als tödlich! Bei einer Vergiftung mit Goldregen tritt zunächst eine zentrale Erregung auf. Symptome sind u. a. Übelkeit, Schwindel, Magenschmerzen und Schweißausbrüche. Häufig kommt es zu Erbrechen, dass auch sehr heftig sein kann. Bei heftigem Erbrechen sind Vergiftungen mit Todesfolge eher selten, aber es ist dennoch unbedingt giftnotärztliche Hilfe herbeizurufen.

Pfaffenhütchen (Euonymus europaeus)

Alle Pflanzenteile des Pfaffenhüttchens sind giftig. Vor allem die roten Früchte und Samen. Die Rinde enthält Bitterstoffe, Gerbstoffe und Phlobaphene. Die Blütezeit reicht von Mai bis Juni. Es werden achsenständige Blütenstände auf einem 1 cm bis 3 cm langen Blütenstandsschaft gebildet. Sie enthalten meist zwei bis sechs Blüten. Die Blüten sind klein und unscheinbar mit doppelter Blütenhülle. Die Kronblätter sind 3 mm bis 5 mm lang und grünlich bis weiß.

Bild 6.3: Das Pfaffenhütchen

Der Verzehr von Samen führt zu Bauchschmerzen, Übelkeit, Erbrechen und Durchfall. Dabei kann es zu einer starken Reizung des Magens und Darms kommen. Die Glykoside wirken auf die Herzmuskulatur. Nierenschädigungen, Kreislaufkollaps, Benommenheit und Leberschwellungen gehören auch zu den Symptomen, die bei dem Verzehr der Früchte auftreten.

Bild 6.4: Für Menschen können Krankheitszeichen noch bis 24 Stunden nach dem Verzehr auftreten und auch zum Tod führen.

Seidelbast (Daphne mezereum)

Der Seidelbast ist sehr stark giftig durch das in den Samen (besonders giftig) enthaltene Mezerin und das in der Rinde vorkommende Daphnetoxin. Die mit einem Durchmesser von etwa 10 mm erbsengroßen, leuchtend roten, selten gelben, äußerst giftigen, beerenartigen Früchte des Seidelbasts reifen von August bis September. Sie ähneln mit ihrem schwarzen Steinkern einsamigen Steinfrüchten.

Bild 6.5: Seidelbast reift von August bis September.

Bild 6.6: Für Kinder wirken bereits 3–6 Beeren tödlich.

Für Erwachsene gelten 8–12 Beeren als tödlich, für Kinder 3–6 Beeren. Symptome einer Vergiftung zeigen sich unter anderem an dem Brennen und Anschwellen der Mundschleimhaut, der Lippen und der Zunge. Es kommt zu Übelkeit und Erbrechen, Magenbeschwerden, Krämpfen, Durchfällen, Kopfschmerzen und Schwindel. Das Gift bewirkt eine heftige Reizung der Haut und führt zu Blasenbildung und Entzündungen. Das Gift verursacht die Schädigung der Nieren und des Zentralen Nervensystems. Es kommt zu Fieber und beschleunigtem Herzschlag, bis hin zum Kreislaufkollaps und zum Tod.

Stechpalme (Ilex Aquifolium)

Die Stechpalme ist ein Strauch oder höherer Baum. Die Rinde des Stamms bleibt lange grün und bildet erst spät eine dünne schwarzgraue Borke. Die Blätter haben beidseitig aufwärts und abwärts geneigte Stacheln. Alle Pflanzenteile gelten als giftig. Insbesondere bei den Früchten und Blättern ist Vorsicht geboten. Sie enthalten Triterpene und die Blätter Saponine – beides Stoffe, die für Menschen giftig sind. Es kann zu Übelkeit, Bauchschmerzen, Herzrhythmusstörungen, Lähmungen, Durchfall, Magenentzündungen, Nierenschädigung, Krämpfen und Bewusstseinsveränderungen kommen. In älteren Literaturangaben wurden Todesfälle beschrieben.

Bild 6.7: Für Kinder gelten bereits wenige Beeren als tödlich. Insbesondere die Blätter und roten Beerenfrüchte sind giftig.

Bild 6.8: 20 bis 30 der roten Beeren gelten für Erwachsene als tödlich.

Bärenklau (Heracleum mantegazzianum)

Bereits einfacher Hautkontakt mit der Oberfläche der Blätter kann reichen, dass sich Reaktionen zeigen: Fieber, Schweißausbrüche, Kreislaufschocks und Atemnot, Rötungen der Haut, Hautentzündungen, Reizungen und in schlimmen Fällen bis hin zu entzündlichen schmerzhaften großflächigen Blasenbildungen, die Verbrennungen ersten bis zweiten Grades hervorrufen können. Es kann zu wochenlangen nässenden Wunden kommen. An heißen Sommertagen kann bereits der Aufenthalt unmittelbar neben der Pflanze, durch die aus der Pflanze austretenden Gase, zu den oben beschriebenen Erscheinungen kommen, und zu wochenlanger akuter Bronchitis führen.

Bild 6.9: Die Pflanze des Bärenklaus stammt ursprünglich aus dem Kaukasus.

Zur Beseitigung von Bärenklau, selbst in kleinem Rahmen, sind Handschuhe, Schutzkleidung, Schutzbrille und ausreichender Atemschutz erforderlich. Ausscheidende Gase können wochenlange akute Bronchitis verursachen! Giftfrei sind, soweit vorhanden, die weiße Innenauskleidung der hohlen Stängel; die Stängel selbst erst dann, wenn sie vollständig abgestorben sind und nur noch das weiße Zellskelett besteht! „Bärenklau“ ist von Kinderspielanlagen sofort zu entfernen!

Wasserschierling (Cicuta virosa)

Der Wasserschierling, auch genauer Gift-Wasserschierling oder selten auch Wüterich genannt, ist eine Pflanzenart aus der Gattung Wasserschierlinge. Der Wasserschierling wächst als ausdauernde krautige Pflanze und erreicht Wuchshöhen von 0,5 bis 1,5 Meter n. Der Wasserschierling ist an Gewässern wie Seen, Tümpeln oder Gräben oder auch in feuchten Wäldern zu finden. Seine Bestände gehen stark zurück, was vor allem an der vorbeugenden Beseitigung wegen der u. a. gefährlichen Giftigkeit liegt. In den meisten deutschen Bundesländern ist der Wasserschierling auf der Roten Liste als gefährdet oder stark gefährdet eingestuft.

Bild 6.10: In fast allen Bundesländern steht der Wasserschierling auf der „Roten Liste“.

Bild 6.11: Alle Pflanzenteile des Wasserschierlings sind giftig.

Nach einem alten preußischen Gesetz sollte diese Pflanzenart wegen ihrer Giftigkeit ausgerottet werden. Schon ältere Literatur beschreibt Vergiftungen, oft nach Verwechslung mit essbaren Pastinaken-Wurzeln. Für den Wasserschierling gibt es erstaunlich viele deutschsprachige Trivialnamen wie Bärstkraut, Bartzenkraut, Blutschierling, Buchalter, Brässer, Dullkraut, Pfiffen, und viele weitere. Sämtliche Pflanzenbestandteile des Wasserschierlings sind sehr giftig, insbesondere die Knollen. Nach Verzehr bereits geringer Mengen kann der Tod infolge Atemlähmung eintreten.

Beifußblättriges Traubenkraut (Ambrosia artemisiifolia)

Die Pollen des Traubenkrauts gehören zu den stärksten Allergieauslösern. Bereits ab sechs Pollen pro Kubikmeter Luft reagieren empfindliche Personen allergisch, ab elf Pollen je Kubikmeter wird von einer starken Belastung gesprochen (zum Vergleich: bei Gräserpollen wird eine Konzentration von mehr als 50 Pollen pro Kubikmeter als starke Belastung bezeichnet). Die unbehandelte Allergie kann allergische Reaktionen der Augen und der Atemwege auslösen und im schlimmsten Fall auch zu Asthma führen. Der späte Blütezeitpunkt der Ambrosia, von Juli bis Oktober, bedeutet eine zusätzliche Belastung der Pollenallergiker durch eine Verlängerung der Pollensaison.

Bild 6.12: Beifußblättriges Traubenkrau

Bild 6.13: Die Pollen des Traubenkrauts gehören zu den stärksten Allergieauslösern.

Traubenkraut stammt ursprünglich aus Nordamerika. Die Pflanze hat sich in weiten Teilen Europas ausgebreitet. In mehreren Bundesländern existieren Meldestellen, die Ambrosia-Funde registrieren und Verantwortliche auf die Notwendigkeit der Beseitigung dieser Pflanzen von Kinderspielplätzen hinweisen.

Eibe (Taxus baccata)

Da mir diese Pflanze bereits öfter in Kindereinrichtungen begegnet ist, hier mein Beitrag zur Aufklärung: Die Giftigkeit der Eibe ist bereits Thema der griechischen Mythologie: Die Jagdgöttin Artemis tötete mit Eiben-Giftpfeilen die Töchter der Niobe, die sich ihr gegenüber ihres Kinderreichtums wegen gerühmt hatten. Auch die Kelten verwendeten Eibennadelabsud, um ihre Pfeilspitzen zu vergiften und Julius Caesar berichtet in seinem Gallischen Krieg von einem Eburonen-Stammesfürsten, der lieber mit Eibengift Selbstmord beging, als sich den Römern zu ergeben. Die zahlreichen männlichen Zapfen stehen an 1 mm bis 2 mm langen blattachselständigen Trieben. Sie haben eine kugelige Form mit einem Durchmesser von etwa 4 mm und enthalten 6 bis 14 schildförmige Staubblätter, die jeweils 6 bis 8 gelbliche Pollensäcke tragen. Die frühe Blütezeit, die in einen Zeitraum fällt, in dem Laubbäume in der Regel noch keine Blätter tragen, stellt sicher, dass dieser Pollenflug weitgehend ungehindert stattfinden kann.

Bild 6.14: Die Eibe: Schon in der griechischen Mythologie todbringend

Bild 6.15: Als Strauch oder starker Baum: Die Samen der Beeren bleiben giftig.

Der Verzehr kann bis zum Tode führen, werden die Samen der Beeren beim Verzehr zerkaut. Es kommt nach etwa einer Stunde zu Übelkeit, Erbrechen, Krämpfen und Durchfall. Die Pupillen weiten sich, die Lippen färben sich auffallend rot. Bewusstlosigkeit und Herzrasen mit Todesfolge können die Folge sein.

Bilsenkraut (Hyoscyamus niger)

Die Bilsenkräuter gehören zur Familie der Nachtschattengewächse. Die Pflanze blüht etwa von Juni bis Oktober, die Blüten sind trichterförmig. Das Kraut wird bis zu einem Meter hoch. Blätter und Stängel sind behaart und klebrig. Die schmutzig wirkenden Blätter wachsen in Formation. Aus ihnen entwickeln sich in Formation zweifächerige Kapseln, die Hunderte braunschwarze Samen enthalten. Die Samen ähneln denen der Mohnsamen. Das Schwarze Bilsenkraut ist einjährig (sommer- oder winterannuell) oder zweijährig. Durch seine klebrigen Drüsenhaare riecht es unangenehm; es wurzelt bis 55 cm tief.

Bild 6.16: Bilsenkraut in Blüte

Bild 6.17: Bilsenkraut

Giftige Pflanzenteile sind insbesondere die Wurzeln und Samen. Symptome: Ausschlag (Gesichtsröte), mittlere bis starke Schluckbeschwerden, Pupillenvergrößerung, auftretende Heiserkeit, Sehstörungen, erhöhter Puls, Herzbeschwerden, Erregung und Halluzinationen. Eine Vergiftung kann zur Bewusstlosigkeit und zum Tod durch Atemlähmung führen. Für Kinder gelten bereits wenige Samen als sehr bedrohlich.

Der König in Shakespeares Theaterstück „Hamlet" wurde mit Bilsenkraut vergiftet.

Der Blaue Eisenhut (Aconitum napellus)

Der Blaue Eisenhut ist eine sommergrüne ausdauernde krautige Pflanze. Er kann bis zu 2 Meter groß werden. Die zahlreichen dicht, wechselständig am Stängel angeordneten Laubblätter sind in Blattstiel und Blattspreite gegliedert. Die oberen Blätter sind weniger gegliedert als die unteren. Insgesamt ist die Blattform sehr variabel. Alle Pflanzenteile sind sehr giftig.

Bild 6.18: Der Blaue Eisenhut gilt als eine der giftigsten Pflanzen Europas.

Bild 6.19: Erst prickelt die Zunge, dann folgt der Tod.

Der Blaue Eisenhut wird mitunter gelegentlich als Zierpflanze in Parks und Gärten angepflanzt. Dennoch gilt er als eine der giftigsten Pflanzenarten Europas. Bei kurzzeitigem Kontakt des Gifts mit der Haut werden die Nervenzellen erregt, sodass sich Wärmegefühl, Brennen und Prickeln einstellen. Bei längerer Exposition geht die Erregung in Taubheit und Lähmung über. Beim Verzehr bewirkt das Gift ähnliche Symptome: Prickeln auf der Zunge und den Lippen, Taubheit bis Lähmung der Zunge und Lippen, Kälteempfindlichkeit, Übelkeit, Erregung, Ohrensausen, Schwindel, Herzrhythmusstörungen und Krämpfe sowie Lähmungen. Der Herzrhythmus beschleunigt sich und der Tod tritt meistens infolge einer Lähmung der oberen Atemmuskulatur ein.

Engelstrompete (Datura suaveolens)

Diese Pflanze besticht mit ihrer Schönheit und findet sich in vielen Gärten wieder. Aber sie hat ein dunkles Geheimnis, das unterschätzt wird: Sie ist tödlich. Die Blüten der Engelstrompete stehen an einem 2 bis 8 cm langen Blütenstiel. Die Blüten sind hängend oder schräg geneigt. Auffällig ist der Blütenkelch. Nach der Blühphase fällt der Kelch bei einigen Arten ab, während bei anderen Arten die reifende Frucht bestehen bleibt. Die Krone ist 15 cm bis 45 cm lang, die Farbe ist weiß, rötlich oder gelb. Die Krone bleibt während der gesamten Blühphase geöffnet. Die Pflanze kann bis zu 6 m hoch werden.

Bild 6.20: Engelstrompeten können bis zu 6 m hoch werden.

Bild 6.21: Bereits bei Hautkontakt bekommen Kinder erweiterte Pupillen.

Schnelle Symptome: Eine Pupillenerweiterung tritt bei Kindern bereits auf, wenn sie mit der Pflanze auch nur mit der Hand in Kontakt waren und sich die Augen reiben. Bereits der Duft der Blüten kann bei Kindern zu allergischen Reaktionen führen. Weitere Symptome sind mittlere bis starke Hautreizung, trockene und heiße Schleimhaut, Übelkeit, Fieber, Erbrechen, Unruhe, Verwirrtheit, Tränenfluss, Pulsbeschleunigung, Kontrollverlust, Krämpfe, Durchfall und plötzlicher Atemstillstand mit Todesfolge.

Herbstzeitlose (Colchicum autumnale)

Die Herbstzeitlose ist eine äußerst giftige krautige Pflanze, die Wuchshöhen von 6 cm bis 35 cm erreicht. Während des Winters wird die ursprüngliche Sprossknolle abgebaut und darüber eine neue angelegt. Gleichzeitig wächst der Seitenspross zu einer neuen Knolle heran. Im Sommer bildet die Herbstzeitlose eine braunschuppige Sprossknolle mit einem Durchmesser von 2,5 cm bis 5 cm und einer Länge bis zu 7 cm.

Bild 6.22: Ein Brennen im Mund sowie Schluckbeschwerden sind Alarmzeichen einer Vergiftung.

Bild 6.23: Die Herbstzeitlose wächst auch in der Farbe gelb oder in Mischfarben.

Vergiftungserscheinungen treten mit einer Verzögerung von etwa einer bis sechs Stunden auf. Die Symptome äußern sich zunächst in einem Brennen im Mund. Es folgen Schluckbeschwerden, Übelkeit und Erbrechen mit oft blutigen Durchfällen. Je nach Dosis kann es vor allem bei Kindern bis zum Tod durch Atemlähmung oder Kreislaufversagen kommen, häufig beobachtet man auch Nierenschädigungen. In der Literatur wird eine Sterblichkeit von 90 Prozent angegeben. Es kommt auch immer wieder zu Vergiftungsfällen durch Verwechslung mit dem Bärlauch. Diese Verwechslungen enden auch mit tödlichem Verlauf.

Rizinus (Ricinus communis)

Der „Wunderbaum" blüht von August bis Oktober. Es werden große, etwa 30 cm bis 40 cm lange, endständige traubige oder rispige Blütenstände gebildet. In der oberen Hälfte des Blütenstandes werden nur die an den roten und zweiästigen, stark papulösen Narben zu erkennenden, weiblichen Blüten gebildet, in der unteren Hälfte nur die männlichen Blüten, mit ihren über 100 typischen und reich verzweigten verwachsenen und weißlich bis hellgelben Staubblättern. Der oberständige und dreifächrige Fruchtknoten ist stachelig.

Bild 6.24: Der Wunderbaum ist die Giftpflanze des Jahres 2018.

Bild 6.25: Die Samenschalen sind nur schwach giftig.

Das Endosperm der Samen ist stark giftig. Der Rizin-Gehalt in den Samen des Wunderbaums liegt bei etwa 1 bis 5 % des Proteingehalts. Die Einnahme weniger Samen kann bereits tödlich wirken. Der Tod tritt unbehandelt durch Kreislaufversagen etwa 48 Stunden nach der Vergiftung ein. Es soll kein Gegengift bekannt sein!

Gefleckter Schierling (Conium maculatum)

Der Gefleckte Schierling erreicht Wuchshöhen von 80 cm bis zu 2 Meter n. Die weißliche Wurzel ist spindelförmig. Ein gutes Erkennungsmerkmal ist ein intensiver Geruch nach Mäuse-Urin. Ihre runden, hohlen Stängel sind kahl, längs gerippt und – ähnlich wie reife Pflaumen – von einer Art blauem Reif überhaucht, im unteren Teil rot gefleckt.

Bild 6.26: Der Schierling wird bis zu 2 Meter hoch.

Bild 6.27: Sein Gift kann auch durch die Haut eindringen.

Der Schierling gehört zu den giftigsten einheimischen Pflanzenarten. Die gesamte Pflanze, vor allem aber die unreifen Früchte, enthalten das stark giftige Alkaloid Conium. Dieses Gift kann auch sehr schnell durch die Haut eindringen. Symptome sind Brennen in Mund und Rachen, Brechreiz, Sehstörungen, Verlust des Sprech- und Schluckvermögens, Muskelkrämpfe, bis schließlich durch Atemlähmung bei völlig erhaltenem Bewusstsein der Tod eintritt.

Der Gemeine Stechapfel (Datura stramonium)

Der Gemeine Stechapfel erreicht eine Höhe bis 2 m. Die Blätter sind unregelmäßig spitz gelappt bis doppelt gezähnt oder buchtig, weich und etwa handgroß, dunkelgrün an der Oberfläche und graugrün auf der Unterseite. Ihr Geruch erinnert an gekochte Kichererbsen. Der Gemeine Stechapfel blüht von Juni bis Oktober. Stechapfelblüten duften (nachts) stark süßlich, parfümartig; der von vielen als unangenehm empfundene Geruch der Pflanze dagegen stammt von Stängeln und Blättern.

Bild 6.28: Der Gemeine Stechapfel blüht von Juni bis Oktober.

Bild 6.29: Alle Pflanzenteile des Gemeinen Stechapfels sind giftig.

Alle Pflanzenteile sind giftig, besonders jedoch die Wurzeln und Samen. Symptome sind gesteigerte Erregung, Schwitzen, Fieber, Sinnestäuschungen, Übelkeit, Erbrechen, Pupillenerweiterung mit Sehstörungen und Atemlähmung bis zum Tod sind möglich.

Schwarze Tollkirsche (Atropa bella-donna)

Bei der Schwarzen Tollkirsche handelt es sich um eine sommergrüne, ausdauernde, krautige Pflanze, die gewöhnlich Wuchshöhen zwischen 50 cm und bis zu 2 m erreicht. Der Aufbau der Frucht gleicht einer Tomate, auch wenn sie viel kleiner ist. Die gestielten Laubblätter können eine Länge bis zu 15 cm und eine Breite bis 8 cm entwickeln. Die Blattoberseite besitzt eine grün-bräunliche Färbung mit eingesenkter, gefiederter Aderung; die Blattunterseite ist grüngräulich gefärbt.

Bild 6.30: Ungesunde Kirsche: Die Schwarze Tollkirsche

Bild 6.31: Ab 0,3 Gramm sind Vergiftungserscheinungen möglich.

Eine Vergiftung mit der Schwarzen Tollkirsche verläuft in Abhängigkeit von der Menge unterschiedlich: Bei Aufnahme von unter 1 Milligramm tritt bereits Mundtrockenheit auf. Mit weiterer Aufnahme erweitern sich die Pupillen. Es zeigen sich Symptome wie Sehstörungen und Hitzegefühle. Nach starker Erregung kann bei höherer Dosis, begleitet von Fieber, ein Koma folgen und der Tod durch Atem- und Herzstillstand eintreten. Es wird angenommen, dass bei Kindern schon 3 bis 4 Beeren zu einer Vergiftung führen, die unbehandelt tödlich sein kann. Bei Verzehr der Blätter sind bereits ab 0,3 g erste Vergiftungserscheinungen zu beobachten.

6.2 Pilze

Viele Pilze können aufgrund ihrer optischen Ähnlichkeit, insbesondere zu begehrten Speisepilzen, uns Menschen sehr gefährlich werden. Weltweit gibt es mehr als 100.000 verschiedene Arten von Pilzen. Diese hier aufzuführen, wäre mehr als eine Meisterleistung. Ich beschränke mich auf drei Arten, die meinen Kollegen und mir auf Spielplatzanlagen öfter begegnet sind.

Bild 6.32: Neben den holzzerstörenden Pilzen gibt es auch Pilze, die den Boden besiedeln.

Tabelle 6.2: Übersicht giftiger Pilze

Art	Deutscher Name	Botanischer Name	Toxizität	Giftige Pflanzenteile
P	Frühjahrslorchel/Giftlorchel Verwechslungsgefahr mit Speisemorchel (Morchella esculenta)	Gyromitra esculenta	++++	Alle Pflanzenteile
P	Grüner Knollenblätterpilz Verwechslungsgefahr mit Wiesenchampignon (Agaricus Campestris)	Amanita phalloides	++++	Alle Pflanzenteile
P	Grünling, aus der „Familie" der Ritterlingsverwandten Verwechslungsgefahr mit Wiesenchampignon (Agaricus Campestris)	Tricholoma equestre, Tricholomataceae	++++	Alle Pflanzenteile Er wächst zwischen August und November auf Sandböden. Achtung bei der Spielsandpflege!

B = Baum, K = Kraut, S = Strauch, Z = Zimmer-/Kübelpflanze, N = Nachtschattenarten, P = Pilz

++ = Die Aufnahme geringer Mengen kann zu mittelschweren Vergiftungen oder Hautkontakt zu allergischen Reaktionen führen.

+++ (und mehr) = Die Aufnahme geringer Mengen kann zu schweren bis tödlichen Vergiftungen führen, oder Hautkontakt zu schwerwiegenden allergischen Reaktionen. Die Pilze sind in den Tabellen mit ihren botanischen und deutschen Namen aufgeführt, sowie einige gängige Synonyme der Pilznamen.

Frühjahrslorchel/Giftlorchel (Gyromitra esculenta)

Die Fruchtkörper der Frühjahrs-Giftlorchel werden 5 cm bis 12 cm hoch und 5 cm bis 20 cm breit. Der Hut ist gewunden und erinnert an Gehirnverschlingungen. Seine Farbe ist ocker-, rot-, kaffeebraun bis schwarzbraun. Die Wülste und der Rand des innerlichen Hutes sind mit dem grauweißen, blassgelblichen Stiel verbunden.

Bild 6.33: Frühjahrslorchel/Giftlorchel (Gyromitra esculenta)

Bild 6.34: Frühjahrslorcheln

Die Frühjahrslorchel gedeiht u.a. auch auf Holzabfällen und am Boden. Es besteht eine sehr große Verwechslungsgefahr mit dem Speisepilz Speisemorchel (Morchella esculenta). Durch den Verzehr der Frühjahrs-Giftlorchel können starke oder sogar tödliche Vergiftungen entstehen. Je nach Menge sowie der körperlichen Verfassung verlaufen die Vergiftungen leicht bis tödlich. Die Latenzzeit beträgt 5 bis 12 Stunden . Symptome sind Mattigkeit, Völlegefühl, Übelkeit, Kopf- und Bauchschmerzen, Erbrechen, Durchfall, Blutdruckabfall und Krämpfe.

Grüner Knollenblätterpilz (Amanita phalloides)

Die Farbe des Hutes reicht von hell, blassgelb, grünlich bis zu olivgrün oder olivbraun. Der Stiel wird 5 cm bis 15 cm hoch. Seine Basis ist knollig verdickt. Der Stiel wird im Durchmesser bis 2 cm dick. Die eng stehenden Lamellen sind weiß, das Sporenpulver ist auch weiß. Das Fleisch des Fruchtkörpers ist weiß, der Geruch süßlich, honigartig, der Geschmack wird als mild und nussartig beschrieben. Aber Achtung: Extreme Giftigkeit, Geschmacksproben unbedingt unterlassen.

Bild 6.35: Der Grüne Knollenblätterpilz ist für rund 90 Prozent der Pilzvergiftungen mit Todesfolge (ca. fünf Tote jährlich) verantwortlich.

Bild 6.36: Der Grüne Knollenblätterpilz

Die ersten Symptome sind bis zu 9 Stunden anhaltende Brechdurchfälle. Flüssigkeits- und Salzverlust treten in der Regel 6 bis 12 Stunden nach dem Verzehr auf. Bei schweren Vergiftungen beginnt am dritten bis vierten Tag nach dem Verzehr der Leberzerfall mit schwersten Blutgerinnungsstörungen und Verwirrtheit. Der Tod im Leberkoma tritt meist nach etwa sechs bis zehn Tagen nach dem Verzehr ein. Der Grüne Knollenblätterpilz ist für rund 90 Prozent (ca. fünf Tote jährlich) der Pilzvergiftungen mit Todesfolge verantwortlich.

Der Grünling (Tricholoma equestre)

Der Pilz soll in der Vergangenheit bei einigen Personen eine Muskelschwäche (Rhabdomyolyse) teils mit tödlichem Ausgang verursacht haben, daher wird vom Verzehr dieser Pilzsorte abgeraten. Er wächst auch auf Sandböden.

Bild 6.37: Grünling

Bild 6.38: Grünling (Nahansicht)

Im Jahr 2010 empfahl eine deutsche Krankenkasse den Leser:innen ihrer Mitgliederzeitschrift irrtümlich den Grünling als „essbar“. Der Irrtum wurde später richtiggestellt und die Kasse warnte ausdrücklich vor dem Verzehr des Pilzes. Die etwa 1,6 Millionen Mitglieder der Krankenkasse erhielten per Post einen entsprechenden Warnhinweis.

6.3 Tiere

6.3.1 Zecken

Nerviges Spinnentier: Zecken erkennt man nur schwer mit bloßem Auge, da sie winzig klein sind. Die achtbeinigen Spinnentiere können jedoch mit einem einfachen Trick aufgespürt werden. Wie kommt man den Plagegeistern auf die Spur? Mit einem möglichst gebrauchten Stofftuch, etwa einem oft benutzten Lappen, abgerubbelt und auf jeden Fall sehr hell, möglichst weiß. An warmen Tagen ziehen Sie den Stoff über die Flächen oder Pflanzen, von denen Sie vermuten, dass es dort Zecken gibt. Gibt es an diesen Stellen tatsächlich Zecken, werden sie sich in der Regel im Stoff kurzfristig verhaken und sind dank des hellen Hintergrundes gut zu erkennen.

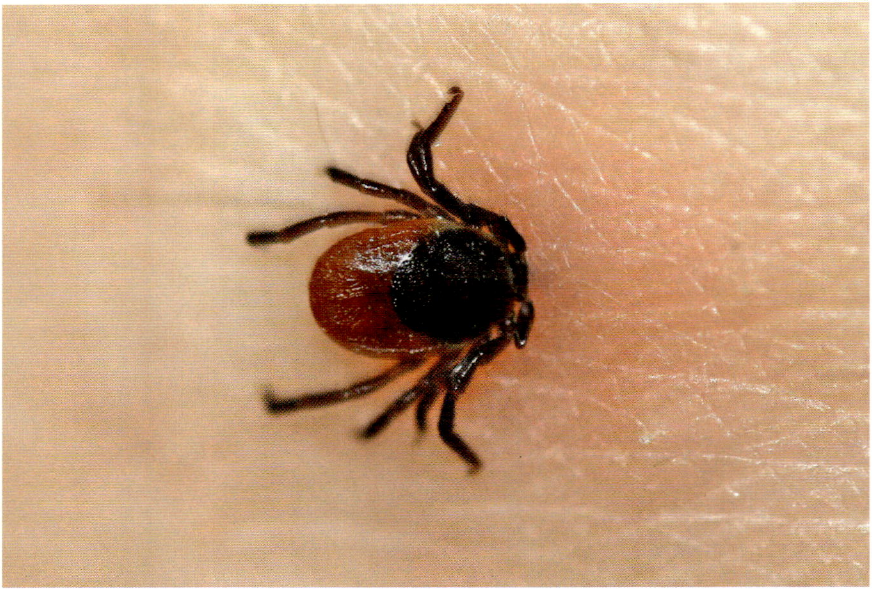

Bild 6.39: Saugende Zecke

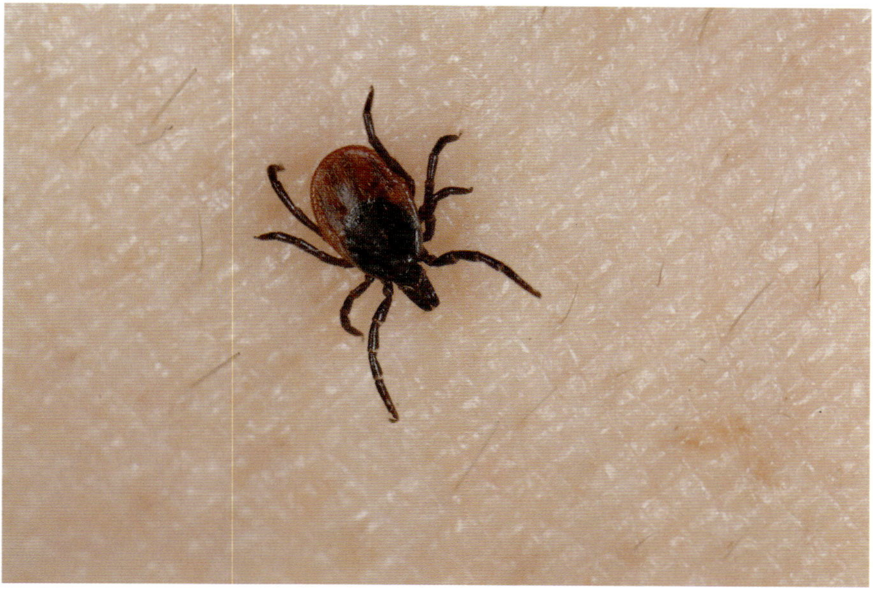

Bild 6.40: Zecken sind bedeutende Krankheitsüberträger.

Unter den Zecken finden sich die größten Milbenarten. Alle Arten sind blutsaugende Ektoparasiten an Wirbeltieren, darunter auch dem Menschen. Viele Zeckenarten sind bedeutende Krankheitsüberträger. 2004 waren weltweit etwa 900 Zeckenarten bekannt.

6.3.2 Eichen-Prozessionsspinner

Ist dieser Schmetterling noch eine Raupe, können die sehr feinen Haare der Raupe bei einer Berührung toxische Reaktionen auslösen. Dieser Reiz reicht von einer Hautentzündung, über schwere und schmerzhafte Bronchitis bis hin zu allergischen Schockreaktionen. Die Raupen sollten auf keinen Fall berührt werden, nähern Sie sich ihnen nicht. Insbesondere nicht in der Entwicklungszeit von Ende Mai bis Anfang Juli. Feinste Haare können über eine sehr weite Entfernung durch die Luft verteilt werden, ohne dass sie an toxischer Wirkung verlieren. Aufgrund der extremen gesundheitlichen Belastung und notwendiger spezieller Arbeitstechniken zur Bekämpfung dieser Quälgeister, sollen nur Fachfirmen zum Einsatz kommen.

Bild 6.41: Die Raupen des Prozessionsspinners treten schwarmartig auf.

Bild 6.42: Die sehr feinen Haare des Prozessionsspinners können durch die Luft verteilt werden, ohne an Toxizität zu verlieren.

6.3.3 Katzen

Insbesondere frischer Sand lockt die Katze aus der Nachbarschaft an, um das eine oder andere „Geschäft“ zu erledigen. Um Katzen von Sandkästen der Kids abzuhalten, gibt es die kuriosesten Mittel, die sich bisher, nach meiner Erfahrung, langfristig nicht wirklich als Katzen-Vertreibende-Mittelchen herausgestellt haben.

Bild 6.43: Katzenkot kann Krankheiten übertragen.

Katzenlösung

Für kleine Sandkästen, insbesondere in Kindereinrichtungen, bietet es sich an, über kleinere Sandkästen ein Netz zu spannen. Ist das Netz gut gespannt, wird die Katze vom Sand wegbleiben, da es ihr nicht angenehm ist, über das wackelnde Netz zu balancieren.

Bild 6.44: Maschennetz, mit maximaler Maschenweite von 45 mm x 45 mm.

Keine gute Lösung ist, eine feste Plastik-Plane zu verwenden, da dann die Gefahr besteht, dass sich Feuchtigkeit zwischen Sand, Plane und der Einfassung des Sandkastens bildet, und sich so Pilze und Schimmel anreichern können.

Bild 6.45: Anstelle einer solchen Plane ist es besser, ein Netz über kleinere Sandkästen zu spannen (Bild 6.44).

6.4 Giftinformationszentren

Ein Kind ist womöglich durch Pflanzen vergiftet. Was tun? Sie müssen unbedingt handeln: Rufen Sie sofort in einer Giftinformationszentrale an. Schildern Sie möglichst genau die Symptome des Kindes. Was vermuten Sie als Ursache?

- Wie lange ist es her, dass das Kind möglicherweise Kontakt mit Pflanzen hatte?
- Fällt Ihnen vielleicht etwas an der Haut auf?
- Fällt Ihnen etwas im Gesicht des Kindes auf?
- Können Sie vielleicht die Menge bestimmen, die das Kind aufgenommen hat?

Notieren Sie alle Auskünfte der GIZ für den Rettungsdienst und Arzt!

6.4.1 Deutschland

Berlin: Notruf: +49 30-19 24 0. Giftnotruf der Charité – Universitätsmedizin Berlin, Campus Benjamin Franklin, Haus VIII (Wirtschaftsgebäude), UG, Hindenburgdamm 30 in 12203 Berlin, Fax: +49-30-45 05 69 – 901. E-Mail: mail@giftnotruf.de, www.giftnotruf.charite.de

Bonn: Notruf +49 228-19 24 0. Informationszentrale gegen Vergiftungen, Zentrum für Kinderheilkunde – Universitätsklinikum Bonn. Adenauerallee 119 in 53113 Bonn, Tel.: +49-228-28 7-33480 (287-33219), Fax: +49-228-287-332 78/+49-228-287-333 14, E-Mail: gizbn@ukb.uni-bonn.de, www.gizbonn.de

Erfurt: Telefon +49 361-73 07 30.Gemeinsames Giftinformationszentrum der Länder Mecklenburg-Vorpommern, Sachsen, Sachsen-Anhalt und Thüringen (GGIZ), Nordhäuser Str. 74 in 99089 Erfurt, Fax: +49-361-73 07 31 7, E-Mail: ggiz@ggiz-erfurt.de, www.ggiz-erfurt.de

Freiburg: Telefon +49 761-19 24 0. Vergiftungs-Informations-Zentrale Freiburg (VIZ), Universitätsklinikum Freiburg – Zentrum für Kinder- und Jugendmedizin, Mathildenstraße 1 in 79106 Freiburg, Fax: +49-761-27 0-4 45 70, E-Mail: giftinfo@uniklinik-freiburg.de, www.giftberatung.de

Göttingen: Notruf +49 551-19 24 0. Giftinformationszentrum-Nord der Länder Bremen, Hamburg, Niedersachsen und Schleswig-Holstein (GIZ-Nord) Universitätsmedizin Göttingen – Georg-August-Universität, Robert-Koch-Str. 40 in 37075 Göttingen, Beratung Fachpersonal: +49-551-38 31 80, Fax: +49-551-38 31 8-8 1, E-Mail: giznord@giz-nord.de, www.giz-nord.de

Homburg: Telefon +49 6841-19 240. Informations- und Behandlungszentrum für Vergiftungen des Saarlandes, Universitätsklinik für Kinder- und Jugendmedizin, Gebäude 9, Kirrberger Straße 100 in 66421 Homburg/Saar, Fax: +49-6841-16 28 43 8, E-Mail: giftberatung@uniklinikum-saarland.de, www.uniklinikum-saarland.de/giftzentrale

Mainz: Telefon +49 6131-23 24 66. Giftinformationszentrum der Länder Rheinland-Pfalz und Hessen. Klinische Toxikologie, Universitätsmedizin der Johannes-Gutenberg-Universität. Langenbeckstraße 1 in 55131 Mainz, Tel.: +49-6131-19 24 0, Fax: +49-6131-17 66 05/+49 6131 23 24 68, E-Mail: mail@giftinfo.uni-mainz.de, www.giftinfo.uni-mainz.de

München: Telefon +49 89-19 24 0. Giftnotruf München, Toxikologische Abteilung der II. Medizinischen Klinik des Klinikums rechts der Isar – Technische Universität München, Ismaninger Straße 22 in 81675 München, Fax: +49-89-41 40 24 67, E-Mail: tox@lrz.tum.de, www.toxinfo.med.tum.de/inhalt/giftnotrufmuenchen

6.4.2 Österreich und Schweiz

Wien: Notruf +43-1-40 6-43 43. Vergiftungsinformationszentrale Wien Gesundheit Österreich GmbH, Stubenring 6 in 1010 Wien, Österreich, Tel.: +43-1-40 6-68 98, Fax: +43-1-406 6898 21, E-Mail: viz@goeg.at, www.goeg.at/Vergiftungsinformation

Zürich: Notruf + 41 44 251 51 51, Tox Info Suisse, Freiestrasse 16 in 8028 Zürich Schweiz. (Notrufnummer für die Schweiz: 145), Tel.: + 41 44 25 16 66 6, Fax: + 41 44 25 28 83 3, E-Mail: info@toxinfo.ch, www.toxinfo.

Stichwortverzeichnis

Inserentenverzeichnis

Die inserierenden Firmen und die Aussagen in Inseraten stehen nicht notwendigerweise in einem Zusammenhang mit den in diesem Buch abgedruckten Normen. Aus dem Nebeneinander von Inseraten und redaktionellem Teil kann weder auf die Normgerechtheit der beworbenen Produkte oder Verfahren geschlossen werden, noch stehen die Inserenten notwendigerweise in einem besonderen Zusammenhang mit den wiedergegebenen Normen. Die Inserenten dieses Buches müssen auch nicht Mitarbeiter eines Normenausschusses oder Mitglied von DIN sein. Inhalt und Gestaltung der Inserate liegen außerhalb der Verantwortung von DIN.

Berliner Seilfabrik GmbH & Co., 13407 Berlin	Buchumschlag hinten

Zuschriften bezüglich des Anzeigenteils werden erbeten an:

Beuth Verlag GmbH
Anzeigenverwaltung
Saatwinkler Damm 42/43
13627 Berlin

Sorglos spielen?
Aber sicher.
Online-Normen-Abo
Spielgeräte, Sport, Freizeitanlagen
Mit dem Normen-Abo erhalten Sie Zugriff auf mehr als 100 DIN-Normen und Richtlinien zu Spielgeräten, Spielplätzen und Spielplatzböden, Sportgeräten, Schwimmbädern und Schwimmbadgeräten sowie Freizeitanlagen.
Ihre Vorteile
✓ Mehr als 100 DIN-Normen in vier thematisch abgegrenzten Modulen
✓ Inhalte filtern, Dokumente vergleichen und Norm-Anforderungen anzeigen lassen
✓ Vier kostenlose Aktualisierungen pro Jahr
✓ Hohe Ersparnis gegenüber dem Einzelkauf der Normen
Weitere Informationen und Anmeldung unter
beuth.de/go/spielgeraete-sport
Beuth
publishing DIN
Beuth Verlag GmbH | Am DIN-Platz | Burggrafenstraße 6 | 10787 Berlin